세상에서 제일 쉬운

식초
살림백과

쉽다! 편하다! 경제적이다!

세상에서 제일 쉬운

식초
살림백과

빅키 랜스키 지음 | **생활의 지혜 연구회** 편역

쉽다! 편하다! 경제적이다!

BM 황금부엉이

머
리
말

〈세상에서 제일 쉬운 식초 살림백과〉을 집필한 후 5년 동안 저는 식초에 대해 많은 것을 배웠습니다. 그리고 식초를 알면 알수록 무궁무진한 활용법에도 더 많은 관심을 갖게 됐습니다. 이제 저는 집 곳곳 날마다 많은 양의 베이킹 소다와 식초를 사용하고 있습니다. 저렴한 가격으로 다양하게 활용할 수 있는 베이킹 소다와 식초의 매력에 흠뻑 빠졌기 때문입니다.

여러분도 이 책을 읽고 식초의 장점을 일상생활에 적용하면서 사는 식초 마니아가 될 수 있습니다. 왜 냐하면 식초는 여러분이 알고 있는 것보다 우리에게 도움이 되는 유용한 기능을 정말 많이 제공하기 때문이죠.

저는 이 책을 읽는 모든 사람들이 놀랍도록 유용한 식초의 다양한 활용법을 더욱 잘 알게 되기를 바랍니다. 식초가 가지고 있는 유용한 기능을 이용해서 여러분이 더욱 건강하고 행복하게 살아가기를 진심으로 바랍니다.

이제 식초는 저의 일상생활에 없어서는 안 될 고마운 존재가 되었습니다. 그 지식을 여러분과 나누려고 합니다.

빅키 랜스키

목
차

건강을 살리는 식초 민간요법

이럴 땐 이렇게! 에코맘의 식초 생활백서

part 1
친환경 물질 식초의 모든 것

식초를 모르는 사람은 없지만 대부분 요리에 넣는 조미료 정도로 알고 있습니다. 하지만 식초의 종류와 용도는 매우 다양합니다. 더구나 요즘에는 우리의 몸이나 환경에 전혀 해가 되지 않는 친환경 물질로 알려지면서 더욱 각광을 받고 있습니다. 이제부터 식초의 유래와 다양한 사용 방법을 살펴보면서 무궁무진한 쓰임새를 가진 식초의 매력에 흠뻑 빠져 보겠습니다.

수천 년 동안 수많은 민족들은 다양한 방법으로 식초를 사용해 왔습니다. 고대 로마시대에는 포도주나 대추야자 열매 또는 무화과와 같은 다양한 과일로 만든 과일식초에 빵을 찍어 먹었습니다. 그리고 3000년 전부터 중국에서는 쌀식초를 사용했고, 일본의 사무라이들은 쌀식초를 마시면 힘이 솟는다고 믿었습니다.

중동지역의 문헌에는 식초가 아주 오래 전부터 혈액응고제, 소화제와 같은 약효를 가진 물질로 기록되어 있습니다. 또한 상처부위를 씻는 데 식초를 사용했다는 기록도 쉽게 찾아볼 수 있습니다. 이러한 기록을 통해 옛날부터 조미료뿐만 아니라 의약품으로서 식초의 가치를 인정했다는 것을 알 수 있습니다.

옛 문헌에서 식초에 대한 기록은 쉽게 찾아볼 수 있습니다. 한 예로 클레오파트라는 한 끼의 식사에 누가 더 많은 돈을 탕진할 수 있는가 하는 내기에 이기려고 식초의 용해 성질을 이용하여 희귀한 진주를 식초에 녹여 먹기도 했습니다.

식초는 성경에서 포도주만큼 자주 언급되고 있습니다. 예를 들어 신약성경에는 십자가에 달린 예수의 목마름을 달래주기 위해 식초에 담근 스펀지로 예수의 입가를 적시는 장면이 등장합니다. 그리고 흑사병이 창궐하던 시대에 흑사병에 감염된 사람들을 진료했던 의사들은 오일과 허브를 이용해서 우려낸 식초에 몸을 문질렀습니다. 또한 병균에 감염되지 않도록 입고 있는 옷 속에 식초를 넣고 숨을 들이마시기도 했습니다.

18세기에는 하수도의 악취가 심하고 실내 정화시설이 부족했기 때문에 냄새를 없애기 위해 식초에 담근 스펀지를 코에 갖다 대고 숨을 들이마시기도 했습니다. 지금 생각하면 우습지만 당시 이런 행동은 아주 흔한 일이었죠.

조지 워싱턴은 임종 직전에 식초와 샐비어를 섞은 물로 입을 헹구라는 처방을 받기도 했습니다. 이 밖에도 미국 남북전쟁 당시에는 상처 부분에 식초를 발라 치료했고, 병사들은 비타민 C가 부족했을 때 생기는 괴혈병을 예방하기 위해 식초를 마셨습니다. 아마도 이때 마신 식초는 사과식초였을 것입니다.

우리나라의 경우에는 정확한 시기는 알 수 없지만 술이 제조되기 시작한 삼국시대 이전부터 식초를 사용한 것으로 추정됩니다. 문헌에 나타난 식초에 관한 기록을 살펴보면 고려시대의 『해동역사』에서 '식품의 조리에 초(醋)를 사용했다.' 는 기록을 발견할 수 있습니다. 그리고 『향약구급방』에는 "초를 부스럼이나 중풍 등을 치료하는 데 의약품으로 이용했다."고 나와 있습니다. 또한 조선시대의 『고사촬요』 에는 식초 제조법을 최초로 소개했고, 『동의보감』 에는 식초의 약성(藥性)을 기술하고 있습니다.

'신 와인' 이라는 의미를 가진 식초는 와인을 비롯한 알코올성 액체가 두 번째 발효될 때 신맛으로 변하면서 만들어집니다. 즉, 와인을 공기 중의 박테리아에 노출시키면 발효되어 식초로 바뀌는 것입니다. 영어의 '식초(Vinegar)'라는 단어는 와인을 뜻하는 'Vin' 과 시큼한 맛을 뜻하는 'Sour' 가 결합한 'Vinaigre' 라는 말에서 유래되었습니다. 발효된 액체를 식초로 바꾸는 것이 바로 박테리아 포자인데, 박테리아 포자의 작용으로 발효주는 처음에 약한 초산의 형태입니다. 그러다 설탕이나 전분의 두 번째 발효를 거쳐서 비로소 식초로 완성되는 것이죠.

식초는 사과나 포도와 같은 단맛이 나는 과일이나 보리와 같은 곡류를 원료로 만들어집니다. 또한 뿌리나 나무도 원료로 이용하는데, 이러한 뿌리나 나무는 주로 식초를 희석시켜서 만드는 백식초의 원료가 됩니다. 이 밖에도 필리핀 사람들은 야자열매를 식초 원료로 이용하고 멕시코 사람들은 멕시코산 증류주인 테킬라의 원료가 되는 선인장 열매를 이용하여 식초를 만듭니다.

이와 같이 다양한 재료로 만드는 식초는 수세기 동안 전해 내려오면서 다양한 민속 요리에 빠지지 않고 등장합니다. 또한 수많은 향신료와 음식 재료가 발달한 오늘날에도 식초를 다양한 용도로 활용하고 있죠. 식초를 이용하면 도축장이나 양계장에서 발생하는 박테리아와 같은 미생물을 없앨 수도 있고 건설 현장에서 사용한 장비를 세척할 수도 있습니다. 식초가 가진 유용한 기능을 잘 알아 두면 생활 속에서 다양하게 활용할 수 있습니다.

용어설명

샐비어(Salvia) 주로 봄에 많이 재배하는 여러해살이풀로, '깨꽃'이나 '사루비아'라고도 부릅니다. 보카치오의 『데카메론』에 샐비어 잎으로 이를 닦으면 치아가 깨끗해진다는 내용이 등장한 이후부터 잎을 따서 이를 닦는 풍습이 생겼습니다.

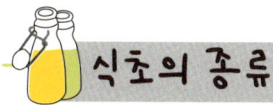

식초의 종류

초(醋)는 크게 '식초'와 '가공 식초'로 나뉩니다. 가공 식초란 식초에 조미료와 향신료를 배합하여 만든 식초를 말합니다. 한편 식초는 초산의 주성분으로, 설탕이나 술과 같은 조미료가 전혀 들어 있지 않습니다. 일반적으로 식초에는 4~6%의 초산이 함유되어 있습니다. 그러므로 집에서 사용하고 있는 식초에 초산이 어느 정도 들어 있는지 또는 어떤 재료를 사용했는지 알고 싶으면 상품에 붙어 있는 라벨을 확인하세요.

요리를 할 경우에는 고유의 맛과 향이 뛰어난 식초를 이용해서 음식을 더욱 맛있게 만드는 것이 좋습니다. 하지만 소독이나 청소용으로 사용한다면 굳이 향이 좋은 식초를 쓸 필요는 없습니다.

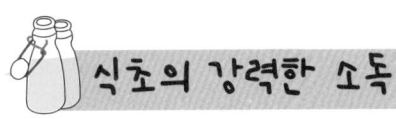

식초의 강력한 소독 기능

살균의 기본은 뜨거운 물과 식초입니다. 이것들만 잘 이용해도 충분히 청결을 유지할 수 있죠. 최근에는 화학 성분이 든 약품에 지나치게 의존하는 경향이 많아 그 악영향을 우려하고 있습니다. 그래서 인체에 안전한 끓인 물과 식초에 대한 관심이 더욱 높아지고 있답니다.

O-157의 원인인 병원성 대장균의 살균에 식초가 효과적이라는 연구 결과도 발표되었습니다. 그리고 식초의 농도가 진할수록 살균 효과가 뛰어나다는 사실도 밝혀졌죠. O-157의 병원성 대장균의 경우에는 초산 농도가 5%인 식초를 사용하면 30분 안에 세균의 수가 10만 분의 1로 줄어듭니다. 이때 농도 10%의 식초를 사용하면 단 1분 만에 마찬가지 효과를 얻을 수 있죠.
식초는 식재료의 살균에도 이용할 수 있습니다. 농도 3%의 식초에 야채를 10분간 담갔다가 살균한 후 물에 헹구면 야채에 묻어 있는 농약이 제거되면서 야채가 더욱 신선해집니다. 시판하는 식초를 같은 양의 물을 넣어 희석시킨 후 여기에 야채를 10분 정도 담갔다가 건진 후 다시 물에 헹궈서 사용하는 방법도 효과적입니다.

또한 돼지고기를 써는 데 사용한 도마는 식초로 소독하는 것이 가장 효과적입니다. 일반적으로 도마를 물로 한 번 씻으면 세균의 수가 절반으로 줄어듭니다. 반면 세제를 사용하여 씻거나 끓인 물을 사용하는 경우에는 세균의 수가 더욱 줄어들지만 완전히 사라지지는 않죠. 그러나 식초와 알코올을 도마에 부었을 때에는 세균이 완전히 박멸된답니다. 미국의 환경청에서는 이렇게 살균 효과가 우수한 식초에 대해 다음과 같이 정의하고 있습니다.

"식초는 오염 물질을 제거하는 효과는 없지만 소독에는 효과가 있다. 그러므로 우선 오염 물질을 제거하는 데 효과적인 제품을 사용한 후 식초로 헹구는 2단계 방식이 바람직하다."

물론 식초는 만능이 아닙니다. 그러므로 때에 따라 적절히 사용하는 것이 좋습니다.

 용어설명

O-157 O-157은 대장균 표면에 있는 단백질 O형 항원의 여러 가지 혈청 타입 중에서 157번째로 발견되어 붙여진 이름입니다. 혈변, 복통, 설사, 오심, 구토뿐만 아니라 때때로 발열까지 일으키는 대장균으로 오염된 고기나 동물의 배설물이 묻어 있는 야채를 덜 익혀서 먹을 경우에 감염됩니다. 저온에는 강하지만 열에는 약하므로 조리할 때 속까지 완전히 익혀서 먹어야 안전합니다.

독특한 맛으로 입맛을 돋우는 식초

식초는 수세기 동안 주방의 감초 역할을 해왔습니다. 그리고 식초는 믿을 만한 건강 보조식품이자 중화제이며, 식초를 청소용품이나 조미료, 방부제로도 이용할 수 있습니다.

식초의 신맛 성분은 환경이나 인체에 유해하지 않지만 박테리아나 곰팡이, 세균 등을 죽이는 살균 효과가 있습니다. 미국의 식품 가공회사인 하인즈에 따르면 우리가 일반적으로 먹는 식초에 함유되어 있는 5%의 초산 농도만으로도 99%의 박테리아와 82%의 곰팡이, 그리고 80%의 세균을 죽일 수 있다고 합니다.

식초는 소량을 섭취했을 경우에는 위에 아무런 자극을 주지 않기 때문에 안전하게 먹을 수 있습니다. 그래서 음식의 맛을 좋게 하기 위해 양념이나 소스에 다양한 맛과 향을 가진 식초를 첨가하고 있습니다. 요리용 식초 시장은 매우 거대합니다. 식초에 허브나 과일을 첨가하여 허브향이나 과일맛을 내는 식초도 많습니다. 만약 다이어트 중이라면 음식에 꼭 무지방, 저염분인 식초를 넣으세요.

백식초는 강한 신맛을 내야 할 때에만 사용하는 것이 좋습니다. 증류과정에서 백식초의 영양분은 파괴되지만 색깔이 더욱 선명해지고 좀더 투명하고 시큼한 맛을 냅니다.

식초의 원료에 따라 향도 제각각입니다. 요리에 사용하는 식초에는 발사믹식초, 적포도식초, 백포도식초, 쌀포도식초, 샴페인식초, 중국산 레드식초 그리고 사과식초 등이 있습니다. 이 밖에 생선회에 주로 사용하는 맥아식초와 현미식초도 있습니다. 그리고 맛있는 피클맛을 내기 위해서 희석한 식초를 사용하는데 이때 산 농도는 적어도 5% 이상이어야 합니다.

식초의 또 다른 명칭

발사믹식초는 '발삼식초'나 '발삼익식초'로, 적포도식초는 '레드와인식초'로, 백포도식초는 '화이트와인식초'로도 부릅니다. 이 중에서 발사믹식초는 고급 백포도를 발효시켜 만든 식초로, 맛이 부드럽고 향이 뛰어납니다. 보통 포도식초를 말하는데 일반 식초를 사용하는 곳에 모두 사용할 수 있습니다. 일반 식초보다는 신맛이 덜해서 음식의 맛을 독특하고 고급스럽게 만들어 주기 때문에 샐러드 드레싱에 많이 사용합니다. 발사믹식초의 발상지는 이탈리아의 모데나 지방으로, 이곳에는 수백년된 발사믹식초도 있습니다.

현대 의학이 지금처럼 발전하기 훨씬 전부터 식초는 언제 어디서나 구입할 수 있는 치료제로 많이 활용되었습니다. 또한 오늘날에도 여전히 많은 민간요법에 식초가 등장하여 중요한 역할을 톡톡히 해내고 있죠.

식초를 가정에서 치료제로 사용했을 때의 의학적인 효과가 의심스러울 수도 있습니다. 그러나 식초가 여러 가지 상황에서 병을 치료하는데 도움이 되는 것은 분명한 사실입니다. 어떤 사람들은 식초가 수명을 연장하고, 골다공증을 예방하며, 치매와 관절염 치료에도 효과가 있다고 주장합니다. 그뿐만 아니라 청각과 시각, 기억력까지 모두 향상시킨다고 자신 있게 말합니다. 이러한 모든 주장이 식초의 실제 효과와 다를 수도 있지만 식초가 건강에 도움이 된다는 것은 대체로 인정하고 있습니다.

몸에 좋은 식초를 선호하는 식초 애호가들은 사과술이나 농축된 사과를 원료로 만든 사과식초를 적극 추천합니다. 미국에서는 사과식초의 주원료인 사과가 풍부하게 생산되기 때문에 사과식초를 가장 많이 사용합니다.

유용한 세제인 식초

종류가 다양한 만큼 식초는 용도도 매우 다양하게 이용할 수 있습니다. 예를 들어 세척에 사용할 수 있죠. 다만 대리석 표면이나 금속 그릇, 페인트로 칠한 장식이 있는 무광택 도자기는 절대로 식초로 세척해서는 안 됩니다.

식초는 상황에 따라서 식초 그대로 사용하거나 물과 섞어서 사용해야 합니다. 만약 식초를 사용했는데도 세척 결과가 좋지 않다면 식초를 사용하기 전에 썼던 세제의 잔여물이 아직 남아 있기 때문입니다. 이런 경우에는 물과 식초를 섞은 혼합액에 세제 ½작은술을 타서 닦으면 효과적입니다. 이때 물과 식초의 비율은 2:1부터 3:1, 4:1까지 필요한 농도에 따라 다양하게 조절할 수 있습니다. 식초는 시중에 판매되고 있는 청소용품을 대신하여 훨씬 안전하고 저렴하게 사용할 수 있는 좋은 세척제입니다. 실제로 식초 1병, 베이킹 소다 1봉지, 표백제 약간만 있으면 다른 어떤 판매용 세척제보다 집 안을 구석구석 말끔하게 청소할 수 있습니다.

 주의!

식초와 세제를 혼합하지 마세요! 식초를 시판되는 세제와 혼합하거나 세제가 들어 있는 용기에 식초를 부어서 사용하지 마세요. 유해가스가 발생하여 매우 위험하답니다.

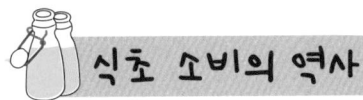

오늘날에는 직접 식초를 만들어 먹는 사람들은 거의 없습니다. 대부분 슈퍼마켓이나 동네 가게에서 식초를 구입하죠. 미국에서도 우리나라와 마찬가지로 식초를 많이 소비합니다. 그러면 미국인에게 '식초' 하면 가장 먼저 떠오르는 회사는 어디일까요? 바로 HJ 하인즈(HJ Heinz)입니다.

하인즈(www.heinz.com)는 1869년에 헨리 존 하인즈가 설립했습니다. 하인즈는 펜실베니아 주의 샤프스버그에서 고추냉이를 재배하다가 파트너였던 노블과 함께 'Anchor Pickle and Vinegar Works'라는 회사를 설립했습니다.
이후 이 회사는 급속하게 사세를 확장했지만 1873년의 경제공황이 발생하면서 1875년에 부도가 나게 되어 어려움을 겪었습니다. 이렇게 힘든 상황에서 하인즈와 그의 가족들은 부도난 지 두 달 만에 사업을 다시 일으키기로 결심했습니다. 그 후 1년도 안되어 오늘과 같은 생산방식으로 토마토케첩을 생산했는데 이것이 크게 성공합니다. 1888년에 하인즈과 그의 가족들은 회사의 경영권을 장악해 피츠버그 지역에서 공장을 확장하고 직원을 늘리면서 계속 성장했습니다. 하인즈가 75세에 폐렴으로 사망할 당시에는 직원 수가 무려 6,500명이 넘는 대기업이 되었습니다.
하인즈는 미국뿐만 아니라 영국과 유럽에까지 판매망을 넓혔습니다. 하인즈가 사망한 후 아들과 손자가 기업을 차례로 계승하여 1941년부터 1966년까지 회사를 운영했습니다. 이후 하인즈는 1946년에 공공법인이 되었고 현재 전 세계 100여 곳에 현지 법인을 두고 있습니다. 이제 하인즈는 20여 개가 넘는 기업체의 지주회사로 발전한 것입니다.

회사 설립 초기부터 유명했던 하인즈의 독특한 마케팅 전략은 당시 신생 기업이었던 하인즈에는 매우 중요한 자산이었습니다. 즉, 하인즈는 'Heinz 57 버라이어티'라는 슬로건을 내걸고 천연 재료만 이용하여 최초로 식초를 대량생산했습니다. 이렇게 만든 천연식품은 하인즈의 제품을 개발하고 홍보하는 데 본보기가 되었습니다.

또한 하인즈는 제품을 항상 투명한 유리병에 담아서 판매했습니다. 이러한 방법을 통해 내용물을 색깔 있는 병에 담아 안 보이게 한 다른 회사의 제품과 차별화시켰습니다. 이 밖에도 하인즈는 판매 전략으로 '순수성(Purity)'을 강조했습니다. 이러한 전략은 당시 다른 식품과 관련 기업들에게는 다소 부정적인 모습으로 보이기도 했습니다. 하지만 하인즈는 훗날 미국 식품의약청(FDA, Food and Drug Administration) 창립의 모태가 된 '천연식품법안(Pure Food Act)'의 통과를 주도한 선구자 중 한 사람으로, 순수성을 강조하는 그의 신념을 끝까지 지켰습니다.

세계 최대의 식초 생산업체인 플라이시먼은 제빵과정에서 효모가 발효되면서 과잉 생산되는 알코올을 활용할 방법을 찾다가 1920년대에 처음으로 식초 사업을 시작했습니다.

1990년에 플라이시먼은 사과식초 전문업체인 웨이론 푸드를 인수하면서 특

수 식초 사업을 시작했습니다. 이후 플라이시먼은 와인, 쌀, 맥아, 발사믹식초를 비롯한 다양한 식초들을 생산하면서 전 품목에 걸쳐 특수 식초의 생산 설비를 완비했습니다. 현재 플라이시먼은 북미 지역에서 공업용 식초의 선도적인 제조업체이자 유통업체로서 명성을 떨치고 있습니다.

우리나라는 삼국시대에 중국으로부터 처음으로 식초 만드는 방법이 전래되었다고 합니다. 중국에는 공자시대에 이미 식초가 있었는데 우리나라의 재래식 식초는 중국의 농서인 『제민요술』이나 이광수의 『지봉유설』에서 '고주(苦酒)'라고 불렀던 것으로 미루어 볼 때 주류의 발달과 함께 이루어졌다고 볼 수 있습니다.

중국의 『삼국지』에는 '고구려인들은 스스로 양조하기를 즐긴다'는 기록이 있는데 이러한 기록을 통해 우리나라의 식초 발효 기술이 중국과 대등하거나 오히려 한 수 위였을 것으로 추측하고 있습니다. 그리고 『해동역사』에서는 고려시대에 식초를 음식의 조리에 이용했다는 기록을, 『향약구급방』에서는 식초를 다양하게 이용한 기록을 발견할 수 있습니다. 주로 쌀과 밀을 이용한 곡류 식초와 매실이나 감을 이용한 과실식초 등을 만들었습니다.

조선시대에는 길일을 택하여 식초를 담그고 부뚜막에 초두루미란 것을 만들어 식초를 보관했다는 기록도 남아 있는데, 이러한 내용을 통해 우리 조상들이 식초를 소중한 조미료로 사용했다는 것을 알 수 있습니다.

# 식초의 참맛을 구분하는 방법

라벨이나 광고 문구에 현혹되지 않고 꼭 필요한 식초를 제대로 구입하는 방법은 무엇일까요? 내게 딱 맞는 식초를 알아내기 위해 여러 종류의 식초를 구입한다는 것은 낭비입니다.

우리는 대개 식초 용기의 외관이나 라벨을 보고 식초를 구입합니다. 하지만 시식할 기회가 생긴다면 다음과 같은 방법을 사용해 보세요.

오목한 접시에 실내온도 수준의 식초를 약간 따릅니다. 여기에 1개의 각설탕을 놓으면 눈 깜짝할 사이에 각설탕이 식초를 모두 빨아들입니다. 그러면 이 각설탕을 혀로 핥아보세요. 식초의 신맛 때문에 얼굴을 찡그리는 일 없이 식초의 향이 입안 가득 퍼집니다.

또는 약간의 식초에 마요네즈 1큰술을 섞고 이것을 담백한 크래커나 셀러리에 얹어서 함께 맛을 보는 것입니다.

잠깐! 농도에 따라 달라지는 식초의 효과

식초는 농도가 진할수록 효과가 좋습니다. 그러나 보통 시판되는 식초의 농도는 4~5%에 불과하고 10% 정도가 되는 식초는 찾아보기 어렵죠. 약국에서 30%짜리 초산을 구할 수도 있지만 초산은 매우 조심해서 다루어야 한다는 단점이 있습니다.
식초에 소금을 넣어 보세요. 그러면 식초의 효과가 더욱 향상됩니다. 1컵 분량의 식초 원액에 소금 ½큰술을 녹여 분무기에 담아 청소용 클리너로 사용할 수 있습니다. 이와 같이 식초에 염분을 첨가하면 여러 가지 세균을 확실하게 없앨 수 있습니다.

part 2

건강해서 더 맛있는 DIY 식초 밥상

요리할 때 식초는 빼놓을 수 없는 중요한 재료입니다. 야채를 씻을 때 식초를 몇 방울 떨어뜨리면 깨끗이 씻을 수 있을 뿐만 아니라 야채의 떫은맛까지 제거할 수 있습니다. 또한 식초는 고기를 연하게 만들기 때문에 질긴 고기를 요리할 때에는 매우 중요한 재료입니다. 여러분도 이제부터 요리할 때 식초를 잘 이용해 보세요.

01 달걀요리에 식초 이용하기

와인을 개봉한 후 10일 정도 지나면 와인식초가 만들어집니다. 하지만 요리에
자주 사용할 식초라면 요리재료 전문점이나 백화점의 식품 코너에서 구하는 것이
좋습니다. 달걀요리에 백식초나 적식초를 이용하면 맛이 좋습니다.
자, 그러면 어떻게 이용하는지 알아볼까요?

달걀 삶을 때

달걀을 삶을 때 달걀이 깨지거나
흰자가 새어나오는 것을 방지하려
면 백식초 1~2큰술을 넣으세요.

달걀찜을 할 때

달걀찜을 할 때 식초를 약간만
넣으면 흰자의 모양이 보기 좋게
됩니다. 만약 모양을 좀더 예쁘게
만들려면 위아래의 뚜껑을 제거
한 빈 참치깡통을 이용하세요.

스크램블드에그를 만들 때

스크램블드에그를 만들 때 달걀
이 굳기 시작하면 달걀 1개당 식
초 $\frac{1}{3}$큰술을 넣고 요리가 완성될
때까지 젓습니다. 그러면 맛이 훨
씬 부드러운 스크램블드에그가
완성됩니다.

집에서 사과식초 만들기

재료 유기농사과 6개, 시판하는 100% 사과주스 100cc, 물 적당량

만들기

01 사과의 껍질을 벗기고 사과의 속(씨가 있는 부분)과 함께 잘게 썹니다.

02 **01**의 사과를 큰 병에 넣고 사과주스를 붓습니다.

03 사과가 잠길 정도로 물을 붓고 타월을 덮어서 따뜻한 곳에 둡니다. 이때 하루에 한 번은 저어 주세요.

04 기온에 따라 식초가 만들어지는 속도가 다릅니다. 그러므로 5일째부터는 조금씩 맛을 보면서 식초가 완성되는지 확인하세요. 보통 1~3주 정도 걸립니다.

05 사과식초가 완성되었으면 걸러서 한 번 끓인 후 냉장고에 보관합니다.

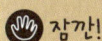 **잠깐!**

요리의 계량 단위 요리를 할 경우에는 재료의 양을 정확하게 넣어야 제맛을 낼 수 있습니다. 이 책에서는 '큰술'과 '작은술' 단위로 재료를 제시하고 있습니다. 이때 계량스푼을 이용하는 것이 가장 정확하지만 계량스푼이 없다면 집에서 사용하는 수저를 이용해 보세요.

어른 숟가락을 기준으로 했을 때 액체 1큰술은 숟가락 가득 넘치게 채운 분량이고, 액체 1작은술은 숟가락을 가득 채우지 않고 약간 부족한 정도를 말합니다. 이때 소금과 같은 고체가루 1큰술은 어른 숟가락으로, 1작은술은 티스푼으로 소복이 쌓은 양입니다.

02 고기요리에 식초 이용하기

설탕과 식초를 2:1로 배합하면 새콤달콤한 맛을 만들 수 있습니다. 이것이 바로 수많은 요리에서
식초를 사용하는 이유입니다. 또한 음식의 맛을 내기 위해 레몬을 사용해야 할 때에도 식초를
레몬 대용으로 사용할 수 있습니다. 식초의 산 성분 덕분에 레몬맛을 충분히 낼 수 있기
때문입니다. 이번에는 고기요리에 식초를 어떻게 이용하는지 살펴보겠습니다.

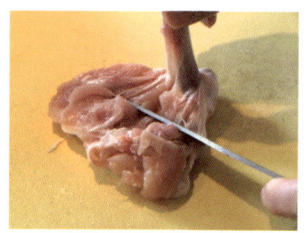

생고기의 세균을 없을 때
닭고기와 오리고기를 포함한 모
든 종류의 생고기를 식초를 혼합
한 물로 헹구면 박테리아를 멸균
시킬 수 있습니다.

햄에 곰팡이가 생길 때
햄을 썰고 난 후 칼을 댄 햄의 면
을 식초로 문지르면 곰팡이가 생
기는 것을 예방할 수 있습니다.

햄을 요리할 때
햄을 요리할 때 백식초나 사과식
초 1~2큰술을 넣으면 짠맛이 덜
나면서 냄새가 더욱 좋아집니다.
그래서 햄을 더욱 맛있게 요리할
수 있어요.

 잠깐!

식초의 보관 방법 식초는 오랫동안 변질되지 않습니다. 한 식초 연구소
(www.versatilevinegar.org)에 따르면 반영구적으로 식초를 사용해도 문제
가 없다고 합니다. 왜냐하면 식초에 함유된 산 성분이 방부 작용을 하기 때
문에 냉장 보관조차도 필요없습니다. 그러나 이미 개봉한 식초의 상태는 보
관 기간, 온도, 사용 연도, 용기 등에 따라 영향을 받습니다. 시중에서 구입
할 수 있는 식초 용기에는 유통기한이 표기되어 있으므로 라벨을 주의깊게
읽어 보세요.

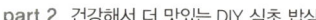

재료 흰설탕 또는 황설탕 ½컵, 쌀식초 ¼컵, 토마토케첩 ¼컵,
간장 2큰술, 다진 마늘 약간, 신선한 생강 1작은술, 옥수수 전분 2큰술
만들기 위의 재료들을 하나로 섞은 후 중간불로 가열합니다. 그러다가 끓
으면 약간 굳을 때까지 저어줍니다.

고기가 딱딱할 때

스테이크나 불고기용 고기가 딱
딱할 때에는 굽기 전에 식초가
들어 있는 매리네이드액에 몇 시
간 동안 담가 두면 부드러워집니
다. 이때 고기를 담그는 그릇은
유리 제품이나 사발, 법랑 접시,
밀폐용 폴리에틸렌 용기를 사용
하세요. 매리네이드액과 함께 고
기를 냉동 보관 해두는 것도 좋
습니다.

바비큐 불판에 고기가 달라붙을 때

바비큐 불판에 식초를 가볍게 바르면 고기를 구울 때 고기가 달라붙지 않
습니다. 집에서 그릴에 생선을 구울 때에도 이 방법을 사용해 보세요.

부드러운 고기요리를 즐기고 싶을 때

고기를 잴 때나 국수장국에 식초를 조금 넣어 보세요. 시큼함이 느껴지
지 않을 정도로 넣으면 부드럽고 맛있는 요리를 즐길 수 있습니다.

 용어설명

매리네이드 식초와 포도주, 그리고 향신료를 섞은 양념을 말합니다. 또는 고기
를 굽기 전에 양념이 배도록 미리 절여 놓은 것을 '매리네이드' 또는 '마리네이드'
라고 합니다. 이렇게 고기를 절일 때에는 좋은 향을 내기 위해 허브나 포도식초
를 넣으면 좋습니다.

03 생선요리에 식초 이용하기

생선회로 유명한 일본은 식초의 살균 성질을 이용하여 생선회의 세균 번식을
억제합니다. 또한 튀김요리에 곁들이는 육류와 야채를 연하게 요리하고 생선요리의
비린내도 효과적으로 제거합니다. 이와 같이 식초는 생선을 요리할 때 요긴하게
사용할 수 있습니다.

생선을 요리할 때

생선이나 해산물찜에 백식초 1큰
술을 넣으면 육질을 좀더 부드럽
게 만들 수 있습니다. 또한 냄새
를 없애고, 부패 속도까지 늦출
수 있어요.

생선을 구울 때

살이 잘 부서지는 생선은 식초를
살짝 발라주면 단단하게 잘 구워
집니다.

생선비늘을 없앨 때

비늘을 제거하기 전에 식초로 생
선을 문지르면 비늘을 훨씬 쉽게
제거할 수 있습니다.

생선조림이나 튀김할 때

생선조림이나 생선튀김을 더욱
맛있게 먹고 싶다면 요리할 때 식
초 1큰술을 넣으세요. 예를 들어
고등어조림을 할 때 식초를 넣으
면 신맛이 전혀 나지 않으면서 생
선 비린내를 제거할 수 있습니다.

생선의 신선도를 살릴 때

통조림 생선이나 해산물을 요리
하기 전에 약 20분 동안 식초와
물을 섞은 혼합액에 담그세요.

생선소스를 만들 때

만들어 둔 생선소스에 식초를 혼
합한 후 뜨겁게 요리한 생선과 함
께 먹어 보세요. 생선소스 덕분
에 생선이 더욱 맛있습니다.

 잠깐!

식초에 대한 정보를 얻고 싶으면 구관모식초 웹사이트(www.vinegarman.
co.kr)를 방문해 보세요. 이곳에서는 식초에 대한 다양한 정보와 식초로 건
강을 지키는 방법 등을 알 수 있습니다.

04 과일 먹을 때 식초 이용하기

아스코르빈산은 비타민 C로, 산성 약물 중의 하나입니다. 산성 물질인 레몬즙이나 아스코르빈산은 물에 녹으면 불안정해져서 독이 생기기 쉬우므로 피부에 사용하면 안 됩니다. 하지만 과일에 식초를 사용하면 놀랄 만큼 좋은 효과를 경험할 수 있습니다.

비타민 C의 손실을 예방하고 싶을 때

딸기, 키위, 사과, 파인애플 등을 다른 음식과 함께 요리할 때 식초를 조금 넣으면 비타민 C의 손실을 막으면서 과일향이 더욱 좋아집니다.

**딸기를 더욱 맛있게
먹고 싶을 때**

딸기를 더욱 맛있게 먹고 싶다면
딸기에 식초를 2~3큰술 뿌려서
깨끗이 씻어보세요. 그런 다음,
5~10분 정도 두었다가 설탕이나
다른 인공 감미료를 뿌리면 더욱
싱싱하고 달콤한 딸기를 맛볼 수
있습니다.

**독특한 과일향을
살리고 싶을 때**

배나 멜론과 같은 신선한 과일에
쌀식초나 발사믹식초를 톡톡 뿌
리면 과일의 독특한 향을 한층
더 살릴 수 있습니다. 단, 과일이
푸석푸석해지기 전에 곧바로 먹
습니다.

용어설명

아스코르빈산 아스코르빈산은 비타민 C의 화학적인
명칭으로, 순수한 분말 비타민 C를 말합니다. 의약품
전문 쇼핑몰에서 구할 수 있습니다.

바나나 갈변 예방

바나나의 잘린 면이 갈색으로 변하는 것을 방지하려면 레몬즙을 뿌리세요. 그러면 단맛도 훨씬 더 강하게 느낄 수 있습니다.

자른 과일의 갈변 예방

과일의 잘린 면이 갈색으로 변하는 것을 방지하려면 물 1컵에 아스코르빈산 1작은술을 녹인 후 여기에 잘린 과일을 넣었다가 꺼내면 됩니다. 이 방법을 이용하면 과일이 더욱 맛있어지면서 색이 변하는 것을 방지할 수 있습니다.

 샐러드 드레싱 만들기

재료 식물성 기름 1큰술, 설탕 2큰술, 현미식초 ¼컵,
겨자가루 ½작은술, 간을 맞추기 위한 소금과 후추 약간
만들기 위의 재료들을 섞으면 담백하고 탁월한 맛을 가진 샐러드 드레싱이 완성됩니다.

05 야채 씻을 때 식초 이용하기

야채는 조직이 약하기 때문에 손질하거나 요리할 때 조심해야 합니다.
이와 같이 야채가 가진 고유한 맛과 색을 유지하려면 많은 정성이 필요합니다.
이런 경우 식초를 이용하여 야채를 요리해 보세요.

흰색 야채를 데칠 때

양배추나 배추와 같은 흰색 야채
를 데칠 때 식초와 밀가루를 조
금씩 넣으세요. 그러면 흰야채의
색을 더욱 하얗게 만들 수 있습
니다.

야채 기생충 없앨 때

신선한 야채를 약간의 식초와 소금을 섞은 물에 잠깐 담갔다가 꺼내면 야
채에 남아 있는 벌레를 제거할 수 있습니다. 이와 같이 식초는 비싼 과일이
나 야채를 깨끗하게 씻을 수 있는 훌륭한 세척제입니다.

비타민 C가 풍부한 당근즙을
만들 때

즙을 낸 당근이나 양배추, 호박,
오이에 식초나 레몬즙을 넣으면
비타민 C가 파괴되지 않습니다.

감자, 우엉의 맛을 좋게 할 때

감자, 우엉, 연근과 같은 뿌리채소의 아삭거리는 맛을 살리려면 냄비에 식초를 조금 넣고 살짝 데칩니다.

토란의 미끌거림과 아린 맛을 없앨 때

토란의 미끈미끈한 성분과 아린 맛을 제거하려면 식초를 이용해 보세요. 물 1컵당 식초 2작은술을 넣은 용액에 토란을 삶거나, 삶은 후에 물과 식초를 같은 분량으로 섞어 씻으면 효과적입니다.

껍질 벗긴 감자의 갈변 예방

껍질을 벗긴 감자를 식초를 넣은 찬물에 담가 두면 색이 변하지 않습니다. 이렇게 물에 담근 상태 그대로 냉장고에 넣어 두어도 됩니다.

우엉과 연근의 갈변 예방

물 1컵당 1작은술 정도의 식초를 넣어 우엉, 땅두릅, 연근 등을 담습니다. 그러면 이러한 뿌리채소를 잘 씻을 수 있을 뿐만 아니라 잘린 면이 갈색으로 변하지 않아서 야채를 깔끔하게 요리할 수 있습니다.

 잠깐!

토란 껍질을 잘 까는 요령 끓인 쌀뜨물에 토란을 넣고 살짝 삶으면 토란 껍질을 쉽게 벗길 수 있습니다. 토란을 그냥 손으로 만지면 옻이 오를 수도 있으므로 꼭 장갑을 끼고 손질해야 합니다. 토란에 소고기를 넣고 끓이는 토란탕은 가을에 최고로 좋은 음식이어서 추석 때 많이 먹습니다.

06 쌀과 밀가루를 조리할 때 식초 이용하기

이러한 탄수화물은 소화가 잘 되지만 쉽게 굳어져서 맛이 떨어지기 때문에 조리와 보관에 신경을 써야 합니다. 이번에는 탄수화물이 많이 든 쌀과 밀가루를 이용하여 요리할 때 맛과 모양을 좋게 하기 위해 식초를 어떻게 활용하는지 알아보겠습니다.

밥을 지을 때

밥이 끓을 때 끓는 물에 식초 1 작은술을 넣으면 밥맛을 좋게 할 수 있습니다.

현미밥을 지을 때

현미밥을 지을 때 식초를 약간 넣으면 압력솥을 사용하지 않아도 밥을 잘 지을 수 있습니다. 또한 현미 특유의 냄새도 사라지기 때문에 현미밥을 싫어하는 사람에게 좋은 방법입니다.

빵을 구울 때

빵이 다 구워지기 몇 분 전에 빵 표면에 식초를 바르고 오븐에 다시 넣어 구우면 빵 표면이 반지르르하게 윤이 납니다.

파스타를 만들 때

파스타를 요리하다가 식초를 약간 넣습니다. 이렇게 하면 파스타의 녹말 성분이 약해지면서 덜 끈적거립니다.

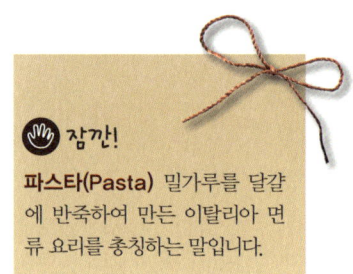

잠깐!

파스타(Pasta) 밀가루를 달걀에 반죽하여 만든 이탈리아 면류 요리를 총칭하는 말입니다.

마른콩을 불릴 때

식초 ⅛~¼컵을 넣은 물에 마른콩을 하루 동안 담가 두어 불린 후 깨끗하게 씻습니다. 요리에 사용할 물에도 식초를 약간 타서 사용하면 마른콩을 부드럽게 요리할 수 있습니다.

반죽의 끈기가 강할 때

녹말가루나 콘스타치를 반죽하는데 끈기가 너무 강하다고요? 이때에는 식초를 조금 넣어 보세요. 반죽의 맛을 시게 하지 않으면서 녹말의 끈기만 조절해 줍니다.

주먹밥 만들 때

주먹밥을 만들 때 손에 묻히는 물에 식초를 넣으면 주먹밥의 모양을 일정하게 유지하면서 만들 수 있습니다. 또한 식초를 조금 넣은 물로 밥을 지으면 밥의 색깔이 변하지 않고 오랫동안 하얗게 유지됩니다.

다이어트 사워크림 만들기

사워크림(Sour Cream)은 생크림에 젖산균을 더해서 발효시킨 것으로, 새콤한 신맛이 특징입니다. 패밀리 레스토랑에 가면 빵이나 감자와 함께 나오는 흰크림으로, 유통기간이 짧아서 냉장 보관해야 합니다.

사워크림은 백화점의 식료품점 또는 '아이러브쿠키(http://ilovecookie. co.kr)와 같은 요리 재료 전문점에서 구입할 수 있습니다.

재료 코티지치즈(탈지분유로 만든 신맛이 강한 치즈) 약 340g 정도, 탈지분유 60~80cc, 식초 2작은술, 설탕 1~2큰술 정도

만들기 위의 재료들을 믹서에 함께 넣어서 갈면 사워크림이 완성됩니다. 지방분을 제거했으므로 수프나 스튜에 곁들어 먹어도 좋고, 베이글이나 크래커에 발라 먹어도 맛있습니다.

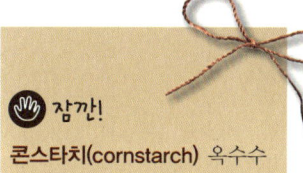

👋 잠깐!

콘스타치(cornstarch) 옥수수 알에서 추출한 녹말을 말합니다.

07 요리할 때 식초 이용하기

발효식품의 제맛을 내고 요리에 간을 알맞게 낼 때에도 식초가 필수입니다.
이번에는 식초의 신맛이 어떻게 요리에 맛을 더하는지 알아볼까요?

감자튀김 먹는데
토마토케첩이 없을 때

감자튀김과 토마토케첩은 바늘과
실의 관계입니다. 그런데 토마토
케첩 대신 사과식초를 곁들여도
별미입니다. 영국에서는 토마토
케첩 대신 이 방법을 이용해서 감
자튀김을 즐기는 사람들이 많습
니다. 사과식초는 생선요리나 튀
기거나 구운 고기와 함께 먹어도
제격입니다.

요리 중에 맛을 가늠하기
어려울 때

요리를 하다가 싱거운 것 같기도
하고 맛을 잘 모르겠을 때 식초
를 이용해 보세요. 식초를 조금
만 넣으면 단맛과 짠맛의 균형이
잡힙니다. 그래서 식초의 신맛이
전혀 느껴지지 않으면서 놀랄 만
큼 맛있는 요리를 만들 수 있습니
다. 이 방법은 소금을 덜 넣어야
하는 요리에 매우 유용합니다.

여러 가지 소스들이 조금씩
남았을 때

토마토케첩, 겨자, 간장을 비롯
해서 조금씩 남은 소스에 약간의
식초와 양파, 마늘 그리고 좋아
하는 허브를 넣고 잘 섞으면 훌륭
한 매리네이드가 완성됩니다. 이
러한 방법은 거의 다 쓰고 얼마
안 남은 소스들을 마지막 한 방
울까지 알뜰하게 활용할 수 있는
아이디어랍니다.

화이트소스의 풍미를 살릴 때

좋아하는 식초 ⅓작은술을 화이트소스에 넣으면 화이트소스가 가지고
있는 고유의 맛이 더욱 살아납니다.

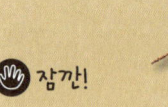

✋ 잠깐!

화이트소스 밀가루에 버터우유
를 섞어서 만든 소스로, 다른 여
러 요리의 기초가 됩니다.

요리에 소금을 너무 많이 넣었을 때

요리하다가 소금을 너무 많이 넣었다고요? 당황하지 말고 식초와 설탕을 조금씩 넣어가면서 맛을 조절하세요.

치즈를 보관할 때

식초에 적신 천으로 치즈를 싸면 치즈의 신선도가 오래 유지됩니다. 치즈를 좀더 안전하게 보관하려면 뚜껑이 있는 용기에 밀봉해 두세요.

겨자소스의 매운맛을 살릴 때

겨자소스의 매운맛을 한층 더 살리고 싶으면 미지근한 물에 겨자가루를 녹인 후 식초를 약간 더 넣습니다.

특제 겨자소스 만들기

재료 겨자(말린 겨자 또는 병에 담긴 것) 2~4큰술, 꿀 2큰술, 식초 1큰술
만들기 위의 재료들을 이용하여 맛과 질감을 돋우는 특제 겨자소스를 만들어 보세요. 이렇게 세상의 하나뿐인 나만의 독특한 겨자소스를 만든 후 잘게 빻은 생강가루와 마늘, 소금 등을 차례로 넣어보세요. 맛이 매우 독특할 것입니다.

08 디저트를 먹을 때 식초 이용하기

식초의 신맛은 입맛을 돋웁니다. 그래서 디저트에 식초를 많이 이용하죠.
이번에는 식초를 이용하여 맛있는 디저트를 만드는 요령을 알아볼까요?

촉촉한 초콜릿 케이크를 만들 때

초콜릿 케이크에 식초 1큰술을 떨어뜨리면 케이크가 훨씬 맛 좋고 촉촉해
집니다.

**팥빙수를 시원하게 더
오래 먹고 싶을 때**

팥빙수를 덜 녹게 하려면 식초
한 방울을 떨어뜨려 보세요. 그러
면 얼음 입자가 하얗게 되면서 더
욱 빛이 날 것입니다.

 잠깐!

자신에게 잘 맞는 식초 선택하기 자신에게 잘 맞는 식초를 찾고 싶다면 시중
에 나와 있는 다양한 식초들을 하나씩 사용해 보세요. 사과식초와 백식초는
강한 맛이 나고, 쌀포도식초와 쌀식초 그리고 그밖의 수많은 식초들이 부드러
운 향을 풍기면서 독특한 맛을 자랑하고 있답니다. 요리마다 이렇게 멋진 향
을 가진 식초를 잘 선택해서 첨가하면 맛과 향이 모두 만족스러울 것입니다.
단, 식초는 차게 보관하는 것이 정석입니다. 그리고 특정 식초를 넣었을 때 요
리가 만족스러웠다면 잘 적어두었다가 다음에 꼭 다시 활용해 보세요.

09 식초를 이용하여 피클 만들기

식초는 예로부터 건강에 좋은 식품으로 전해져 오는데 요즈음엔 주로 생채나
장아찌, 샐러드 등에 넣어서 음식의 맛을 내는데 주로 사용하지요. 식초에 절인
피클은 만들기도 쉽지만 피로 회복과 다이어트에도 좋은 건강 별미입니다.
이번에는 식초를 이용한 다양한 피클 레시피를 알아보겠습니다.

음식물이 썩는 것을 막기 위해 음식을 식초에 절이는 피클링(Pickling)은 수
세기 전부터 사용해온 절임법입니다. 그러나 오늘날에는 음식의 부패 방지보
다 시큼한 피클을 만들 때 활용하고 있습니다.

식초에 들어 있는 산성은 박테리아의 번식을 막습니다. 이때 피클은 유리나
세라믹 용기에 담아두는 것이 좋습니다. 왜냐하면 산은 금속이나 일부 플라스
틱에는 반응하지만 유리나 세라믹에는 반응하지 않기 때문입니다.

피클을 만들 때에는 백식초와 사과식초를 사용해야 합니다. 맛이 시큼하고 독
특한 향이 있는 백식초는 야채와 과일이 가지고 있는 본래의 색을 유지한다는
장점이 있습니다. 반면 식초 자체에서 특별한 과일향이 나는 사과식초는 피클
링에 자주 사용하지만 피클의 색을 약간 어둡게 만든다는 단점이 있습니다. 이
들 식초의 산도는 모두 5%입니다. 그래서 산성 정도가 약한 4% 초산은 샐러드
드레싱에 어울립니다. 따라서 초산으로는 좋은 피클을 만들 수 없습니다.

이번에는 전통적인 방법대로 피클을 만들어 보겠습니다. 이때 다른 향이나 맛
이 첨가된 식초 대신 희석시키지 않은 순수 식초를 사용해야 합니다. 그리고
알맞은 크기와 형태의 오이를 선택하는 것이 핵심입니다. 만약 작은 오이를 사
용한다면 더 아삭거리는 피클을 만들 수 있습니다.

냉장 보관 피클 만들기

01 주둥이가 넓은 큰 유리단지에 설탕과 뜨거운 물을 각각 1컵 붓고 설탕이 녹을 때까지 젓습니다.

02 유리단지에 백식초 ½컵을 넣고 **01**을 다시 젓습니다.

03 **02**에 둥글고 가늘게 썬 오이 2개와 3cm 크기로 자른 쪽파 한 줌을 넣습니다.

04 유리단지의 뚜껑을 덮고 적어도 반나절 동안 냉장고에 둡니다.

05 냉장 보관할 경우에는 새콤달콤한 식초를 최대 일주일까지 상하지 않게 보관할 수 있습니다.

 잠깐!

피클용 오이를 씻는 요령 많은 양의 피클을 만들 때 세탁기를 이용하면 한꺼번에 오이를 씻을 수 있습니다. 다만 세탁기 바닥에 수건을 깔고, 찬물 헹굼과 부드러운 세탁 코스를 선택해서 오이에 상처가 나지 않게 하세요. 물론 세제는 절대로 넣으면 안 되고, 헹굴 때 식초를 약간 넣어도 좋습니다.

달걀 피클 만들기

01 12개의 작은 달걀을 삶습니다.

02 껍질을 벗긴 달걀을 주둥이가 넓은 단지에 가늘게 썬 양파와 함께 넣습니다.

03 냄비에 식초 3컵, 3인치 크기의 시나몬 스틱, 꿀 1큰술, 양념과 정향 각각 1작은술, 코리안더씨 ½작은술, 신선한 생강조각 1개를 넣고 팔팔 끓이다가 약 5분 동안 약한 불에서 끓입니다.

04 혼합물이 식으면 달걀을 넣은 단지에 붓고 먹기 전에 일주일 동안 냉장고에 보관합니다. 이렇게 하면 달걀 피클을 두 달 동안 상하지 않게 보관할 수 있습니다.

 용어설명

정향 정향은 향신료로 사용하는 허브의 일종으로, 대형 마트에서 구입할 수 있습니다.

10 향식초 만들기

시중에 다양한 식초가 판매되고 있지만 허브나 과일 등 기본 재료만 있다면 얼마든지
색다른 향식초를 만들 수 있습니다. 향식초는 식초 본연의 효능뿐 아니라 독특한 향을
지니고 있어 방향제나 클리너, 각종 요리의 소스로도 활용할 수 있답니다.
좋아하는 허브와 식초를 이용하여 나만의 향식초를 만들어 보세요.

모든 식초에는 기본적으로 향을 추가할 수 있습니다. 이때 첨가물
의 맛과 향을 유지하는 쌀식초나 백식초를 이용하는 게 좋습니다.
향식초를 만들 때에는 주로 자신의 취향에 맞는 허브가지나 허브
잎, 생마늘, 매운 후추나 레몬 등을 향 원료로 사용합니다. 딸기와
같은 과일 원료를 사용하려면 식초와 혼합하기 전에 미리 설탕이
나 꿀 1큰술로 과일을 버무려야 합니다. 준비 작업이 모두 끝나면
향 재료를 주둥이가 넓은 유리병에 담습니다. 이렇게 주둥이가 넓
은 용기를 사용해야 나중에 식초를 완성한 후 첨가물을 쉽게 걸러
낼 수 있습니다. 여기에 식초를 넣고 밀봉하여 라벨을 붙인 후 1~2
주 정도 선선한 곳에 보관하세요. 이렇게 건조하고 시원한 곳에서
숙성된 식초는 적어도 2년간 향기로운 맛을 유지할 수 있습니다.
이때 딸기와 같은 일부 과일은 식초의 색을 변하게 할 수도 있습니
다. 하지만 식초 자체에 안전한 방부제 기능이 있어서 부패할 위험
이 없으니 안심하세요. 이번에는 다양한 재료를 이용하여 맛있는
향식초를 만들어 보겠습니다. 여러분도 집에서 손쉽게 구할 수 있
는 재료를 이용하여 향식초를 완성해 보세요.

향기로운 식초 만들기

식초 1리터에 후추열매와 정향
한 송이, 시나몬 스틱, 기타 다른
향신료를 따로 또는 함께 넣고 부
드럽게 가열하여 향기로운 식초
를 만듭니다. 향식초를 다 만들
었으면 식힌 후 식초만 따로 걸러
내어 병에 넣고 라벨을 표시합니
다. 이렇게 만든 식초는 숙성시키
지 않아도 상관없습니다.

🤚 잠깐!

향을 넣은 식초와 향 원료의 조건 향을 넣은 식초와 향 원료는 서로 궁합이 잘 맞아야 합니다. 예를 들어 사과식초는 과일과 잘 어울리지만 백식초에는 허브로 향을 내는 것이 좋습니다. 그리고 포도식초는 마늘과 같은 강한 맛과 잘 어울립니다. 이 밖에도 정향, 계피, 고추냉이 등을 이용해서 향식초를 만들 수 있습니다.

허브 향식초 만들기

가열하지 않고 단지 허브만 첨가해도 향식초를 만들 수 있습니다. 약 0.5리터의 식초에 마른 허브 3큰술을 넣습니다. 또는 신선한 허브가지 3~4개를 첨가해도 좋습니다. 식초에 원하는 향이 생기면 식초만 걸러내어 깨끗한 용기에 옮겨 담습니다. 그리고 만든 날짜와 식초의 이름을 라벨에 적어 병에 붙이세요.

마늘 향식초 만들기

껍질을 깐 마늘 한 쪽을 1리터짜리 유리병에 넣고 여기에 백식초를 넣은 후 밀봉하여 최소 2주 동안 그대로 둡니다. 식초가 다 숙성되었으면 찌꺼기를 잘 걸러내어 다른 유리병이나 뚜껑이 있는 용기에 옮겨 담습니다. 이렇게 만든 식초는 마늘향이 매우 강합니다.

과일맛 향식초 만들기

적포도식초나 백포도식초에 잼이나 설탕조림 2큰술을 넣고 일주일 동안 그대로 두면 과일맛 식초가 완성됩니다. 이렇게 만든 과일향 식초는 따로 식초를 걸러낼 필요가 없습니다.

 잠깐!

향식초를 보관하는 방법 식초를 직사광선이 비치는 곳에 놓는 것은 좋지 않습니다. 왜냐하면 햇볕은 식초의 향과 산도, 색을 변화시키기 때문이죠. 거실쪽으로 튀어나와 있는 주방 카운터에 식초를 진열해 놓는 것도 좋은 방법입니다.

포도식초 만들기

당장 쓸 만한 포도식초가 없다고요? 그러면 직접 만들어 봅시다. 백포도주나 적포도주 1큰술에 백식초 2큰술을 섞습니다. 많이 만들고 싶으면 백포도주나 적포도주 1~½컵을 백식초나 사과식초 1컵과 혼합하세요.

라벤더식초 만들기

라벤더식초는 맛을 가미하지 않은 쌀식초와 라벤더 줄기로 만듭니다. 이렇게 만든 후에는 여러 주 동안 밀봉한 상태에서 숙성시킵니다. 이 식초는 식용이 아니라 은은한 향을 내는 방향제나 클리너 또는 냄새 제거제로 사용하세요.

변색되지 않는
향식초 용기 만들기

 how to 01 향식초가 뿌옇게 되는 것을 막으려면 식초를 담을 용기를 살균한 후 사용하세요.

 how to 02 빈 양념병이나 올리브유 용기 등을 재활용해서 식초 용기를 직접 만드세요. 단, 용기 뚜껑은 금속 재질이 아니라 코르크 마개여야 합니다. 코르크 마개는 잡화점에서 구할 수 있습니다.

주의!

식초유리병 마개가 금속이면 주의하세요
식초를 보관하는 유리병의 마개가 금속이면 뚜껑을 작은 비닐봉지로 싸서 식초가 금속에 반응하지 못하도록 주의해야 합니다.

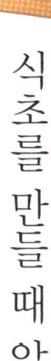

식초를 만들 때 알아두세요

식초를 만들 재료는 요리 재료 전문점을 이용하세요.

집에서 식초를 직접 담그려면 요리 재료를 전문으로 파는 곳이나 얌(www.yum.co.kr)과 같은 요리 재료 전문 쇼핑몰을 이용해 보세요. 여기에는 식초를 담그는 데 필요한 도구들이 매우 많습니다. 설탕이나 전분이 포함된 것이면 무엇이든지 단맛 나는 액체를 추출할 수 있습니다. 그래서 식초를 만들 때에는 단맛 나는 원액을 이용하는 것이 좋습니다.

식초를 담을 용기를 준비하세요.

식초 용기는 유리나 스테인리스로 된 것이 좋습니다. 또 벌레의 접근을 막기 위해 무명천으로 덮어씌워야 하는데, 이때 공기 중의 박테리아가 액체를 발효시켜야 하므로 공기가 통하지 않는 마개는 피하세요. 발효 중인 식초에는 '초모(Mother Vinegar)'라고 부르는 거미줄 타입의 젤이 들어 있는데 이 성분이 발효의 근간이 됩니다. 이것은 지저분해 보이지만, 실제로는 우리의 몸에 이로운 성분입니다. 유리나 스테인리스 용기는 전문 상가나 까사미아(www.casamiashop.com) 등 인테리어 전문 온라인 숍에서 구입할 수 있습니다.

식초 원액은 어둡고 따뜻한 곳에 보관하세요.

제대로 된 식초를 만들려면 짧게는 수주에서 수개월까지 걸릴 정도로 매우 오랜 시간이 걸립니다. 그러므로 정성스럽게 만든 식초 원액이 잘 숙성되도록 장소를 주의 깊게 선택해야 합니다.

11 향식초 사용하기

앞에서 독특한 향을 내는 향식초를 만드는 방법을 알아보았습니다.
그러면 이렇게 만든 향식초를 어디에 사용할 수 있을까요?
이제부터 향식초를 사용하는 다양한 방법을 알아보겠습니다.

소스로 이용할 때
생선을 식초에 담근 후 우러나는 생선즙을 잘 보관해 두었다가 유용하게 활용하세요. 생선요리에 곁들이는 샐러드에 넣어도 맛있습니다.

포테이토 샐러드를 먹을 때
전통적으로 백식초를 넣어 조리하는 포테이토 샐러드에 허브향이나 현미식초를 넣으면 색다른 맛을 낼 수 있습니다.

참치 샐러드를 만들 때
참치 샐러드에 허브 향식초를 약간 넣으면 독특한 맛을 낼 수 있습니다.

야채나 크래커를 먹을 때
좋아하는 향식초와 마요네즈를 적당하게 섞은 후 이것에 야채나 크래커를 찍어 먹으면 맛있습니다.

토마토를 먹을 때
잘게 썬 토마토를 허브 향식초와 올리브유에 절인 후 여러 시간 또는 하룻밤 동안 그대로 두었다가 먹으면 맛있습니다.

레몬주스 대신 이용할 때
요리에 넣어야 할 레몬주스 대신 감귤 향식초를 이용해도 좋습니다.

12 식초를 이용한 기타 요리 방법

이제까지 요리에 식초를 다양하게 사용하는 방법을 살펴보았습니다. 이번에는 이러한 방법 외에도 어떤 곳에 식초를 사용할 수 있는지 알아보겠습니다. 다양한 식초 활용 방법을 잘 익혀두면 편리한 점이 많으므로 잘 기억해 두세요.

심하게 갈증이 날 때
아주 차가운 냉수에 사과식초 1~2큰술을 섞어 마시면 갈증이 해소됩니다.

사골국을 끓일 때
사골국을 끓일 때 뼈의 칼슘을 최대한 우려내려면 백식초 1큰술을 넣으세요. 이때 백식초는 사골국 냄비 크기에 따라 조절할 수 있습니다.

맛있는 수프나 소스를 만들고 싶을 때
수프나 소스에 적포도식초나 백포도식초 1큰술을 떨어뜨리면 더욱 맛있습니다.

비싼 레몬이 없을 때
레몬을 넣어야 하는 요리에 레몬 대신 식초 1큰술을 사용해 보세요. 물론 진짜 레몬맛을 내야 한다면 당연히 진짜 레몬을 넣어야 합니다.

동글동글 볼초밥 1인분(12개)

재료
밥 1공기
생선회 (연어,광어 등) 10조각
장아찌 약간
식초 1큰술
생와사비 약간

밥짓기

01 쌀은 물을 붓고 손으로 주물주물 문질러 씻어 첫 번째 물을 빨리 따라 내세요. 첫 번째 물을 빨리 따라내 버려야 쌀냄새가 안 난답니다.

02 01을 4~5회 반복하여 물색깔이 맑게 될 때까지 씻어주세요.

03 쌀컵의 양에 맞는 물을 표시선까지 붓고 밥통에 넣어 밥을 하세요. 초밥을 만드는 밥은 물의 양을 약간 줄여야 맛있는 초밥을 만들 수 있답니다.

04 밥이 다 지어지면 주걱으로 위아래를 섞어 놓으세요. 섞지 않으면 밥이 눌러지면서 떡처럼 된답니다.

초밥용 밥 만들기

01 고슬고슬하게 만들어진 밥을 볼에 넣고 식초를 1큰술 넣어 주걱으로 살살 버무려 주세요.

02 밥이 약간 미지근할 정도로 식혀주세요.

초밥 완성하기

01 초밥용 밥을 지름이 2.5cm 정도 되도록 동그랗게 공처럼 만든 후 위에 약간의 와사비를 바르고 회를 올려 주세요. 와사비를 많이 넣으면 코에서 불이 날 만큼 매울 수 있으니 적당히 발라주세요.

02 랩에 01의 초밥을 놓고 동그랗게 만들어 모양을 잡아주세요.

03 얇게 자른 장아찌와 나머지 회도 똑같은 방식으로 공모양 초밥을 만들어 주세요.

04 멋진 그릇에 볼초밥을 담으면 완성!

자료제공_청정원

새콤달콤 식초 레시피 ♥

감자 샌드위치 4인분

수제 마요네즈 재료

포도씨유 ½컵

계란 노른자 1개

연겨자 ½작은술

순후추 약간

구운소금 약간

유기농 황설탕 ½작은술

사과식초 1큰술

수제 마요네즈 만들기

01 계란을 깬 후 노른자만 수저로 떠서 접시에 담아 잘 풀어주세요.

02 볼에 계란을 담고 포도씨유를 조금씩 넣으면서 거품기로 저어주세요.
반드시 한 방향으로만 저어주세요.

03 02가 약간의 크림 상태가 되면 식초와 나머지 재료(연겨자, 순후추, 소
금, 설탕)를 넣어 간을 맞추세요.

04 약간 노란빛을 띠는 크림 상태가 되었으면 수제 마요네즈 완성!

감자 샌드위치 재료

감자(중간크기) 1개

계란 1개

오이 ½개

양파 ¼개

당근 1cm 토막

파프리카 ¼개

매실식초 2큰술

구운소금 약간

유기농 황설탕 1큰술

수제 마요네즈 3큰술

미니 크루아상 8개

적상추 8장

감자 샌드위치 만들기

01 계란을 완숙으로 삶아 껍질을 벗겨 노른자와 흰자를 분리한 후 흰자는 칼로 곱게 다져 놓으세요. 8분 이상 삶아야 완숙이 됩니다.

02 오이는 동그란 모양으로 얇게 썰고 양파도 채썰어 주세요. 당근, 파프리카는 0.5cm 크기로 네모나게 썰어 놓으세요. 오이, 당근, 양파, 파프리카에 식초, 소금, 설탕을 넣어 10분간 재워 놓고 새콤달콤하게 잘 절여지면 물기를 손으로 꼭 짜 주세요.

03 감자는 물에 씻어 냄비에 감자가 잠길 정도의 물을 붓고 삶으세요. 삶은 감자는 뜨거울 때 볼에 넣고 주걱으로 으깬 후, 위의 준비한 재료들을 모두 넣고 마요네즈를 넣어 잘 섞어주세요.

04 크루아상의 가운데 부분에서 약간 밑부분을 칼로 갈라 양쪽 면에 마요네즈를 살짝 발라주세요. 여기에 상추를 크루아상 크기보다 약간 크게 잘라 밑에 깔고 위에는 감자 으깬 것을 듬뿍 올려주면 샌드위치 완성.

자료제공_청정원

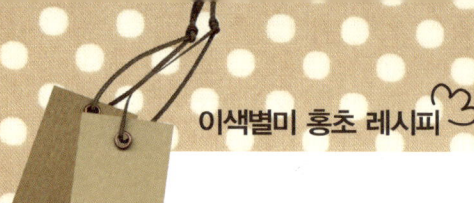

홍초 피클

재료

오이 1개

식초 ½컵

석류 홍초 2큰술

물 ½컵

만들기

01 오이는 먹기 좋게 손질합니다.

02 팬에 식초, 홍초, 물을 넣고 한소끔 끓여 오이에 부어줍니다.

03 하루정도 숙성 시킵니다.

자료제공_청정원

매실홍초 처트니와 인도식 튀김 파코라 2인분

재료

감자 1개

고구마 1개

양파 1개

당근 ½개

가지 ½개

브로콜리 약간

콜리플라워 약간

닭 가슴살 2개

튀김 재료

이집트 콩가루 1컵

칠리 파우더 ½작은술

터메릭 파우더 ½작은술

가람마살라 ½작은술

천일염 약간

통마늘 2쪽

물 ¾컵

만들기

01 감자, 고구마, 당근은 껍질을 벗겨 1×2cm의 길이로 썰어주세요. 가지, 양파도 1×2cm의 길이로 썰고, 브로콜리와 콜리플라워는 작은 모양으로 잘라주세요.

02 닭 가슴살은 뜨거운물에 살짝 한번 데쳐낸 뒤, 1×2cm의 길이로 썰어주세요.

03 튀김재료를 넣고 혼합하여 튀김반죽을 만듭니다.

04 튀김 반죽에 준비해둔 야채와 닭 가슴살을 넣고 섞어주세요.

05 180℃의 튀김기름에 바삭하게 튀깁니다.

06 튀겨둔 파코라(Pakora)에 과일 처트니(Chutney)를 곁들이면 완성.

처트니 재료

사과 ⅛개

배 ⅛개

오렌지 ⅛개

홍초 매실 ½컵

올리고당 3큰술

천일염 약간

물녹말 약간

(물:녹말 = 1:1)

처트니 소스 만들기

01 사과는 흐르는 물에 깨끗이 씻어 작은 주사위 모양으로 썰어주세요.

02 배는 흐르는 물에 깨끗이 씻어 껍질을 벗긴 뒤 작은 주사위 모양으로 썰어주세요.

03 오렌지는 껍질을 벗겨내고, 작은 주사위 모양으로 썰어주세요.

04 팬에 매실홍초, 올리고당을 넣고 끓입니다.

05 매실홍초가 끓으면 준비해둔 사과, 배, 오렌지를 넣고 양이 반으로 줄 때까지 졸입니다.

06 준비해둔 물녹말을 넣어 농도와 윤기를 조절합니다.

Tip.

01 처트니는 달콤하고 시큼한 맛의 인도식 소스로서 과일이 뭉그러지지 않게 졸여야 해요.

02 처트니는 과일이 뭉그러지거나 색이 변하지 않게, 너무 오래 졸이지 마세요.

03 이집트 콩가루가 없으면 밀가루로 대체해서 사용하시고, 칠리파우더와 가람마살라는 카레 분말과 매운맛 스파이스로 대체해서 사용해도 좋습니다.

자료제공_청정원

주방은 우리가 먹는 음식을 만들고 우리가
사용하는 그릇을 청소하는 공간입니다. 그
러므로 우리 몸을 생각한다면 농약에 오염
된 음식물을 먹거나 화학 세제로 식기를 닦
으면 안 되겠죠? 식초의 뛰어난 침투력과
세척력을 이용하여 우리가 먹는 음식물과
주방 환경을 더욱 깨끗하게 만들어 봅시다.

part 3
천연 세제 식초로
에코 키친 만들기

01 싱크대와 조리대에 식초 이용하기

주방에서 가장 많이 사용하는 싱크대와 조리대는 음식물 얼룩뿐만 아니라 물때와 같은 오물에 쉽게 더러워집니다. 음식물 얼룩은 잘 빠지지도 않고 불결한 느낌을 주기 때문에 빨리 제거하는 것이 좋습니다. 이번에는 식초를 이용하여 싱크대와 조리대를 깨끗하게 유지하고 관리하는 방법을 알아보겠습니다.

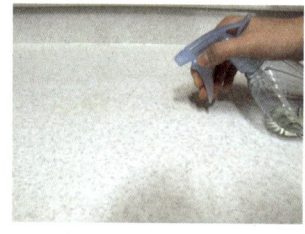

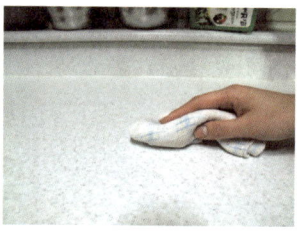

크롬으로 도금한 싱크대에 얼룩이 생겼을 때

크롬으로 도금한 주방 싱크대의 얼룩이나 석회때는 소금 2큰술과 백식초 1큰술을 섞어서 만든 반죽으로 닦으세요. 식초뿐만 아니라 소금도 연마작용을 하기 때문에 싱크대가 금방 반짝반짝 윤이 날 것입니다.

조리대에서 냄새가 날 때

조리대를 식초로 닦으면 조리대의 냄새를 없앨 수 있습니다.

물때가 생겼을 때

물때와 미네랄 침전물이 좀처럼 없어지지 않아서 골치가 아프다고요? 이 경우에는 식초에 푹 담근 천을 1시간 정도 지저분한 부분에 올려놓습니다. 그런 다음, 소금과 식초를 섞은 반죽으로 다시 한 번 더 닦으면 깨끗해집니다.

잠깐!

가열한 식초로 청소하기 끓기 직전까지 가열한 식초를 얼룩진 부분에 쏟아 부으면 침전물이 풀어지는데 이때 오염 부분을 닦으면 깨끗해집니다.

식탁을 청소할 때

아이들이 먹다 흘린 음식찌꺼기는 끈적끈적하고 식탁에서 잘 떨어지지도 않습니다. 젖은 행주로 닦으면 행주 자체가 더러워져서 비위생적이고요. 이런 경우에는 분무기로 식초를 뿌리고 마른 행주로 닦으면 식초가 때를 분해해서 깔끔하게 정돈할 수 있어요. 게다가 살균 효과도 있어서 더욱 좋습니다.

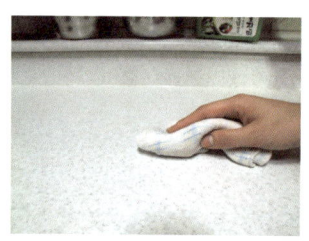

조리대에서 좋은 냄새를 풍기고 싶을 때

백식초 원액을 묻힌 천으로 조리대를 닦으면 조리대에서 달콤한 향이 납니다. 이왕이면 예쁜 분무기에 식초를 담아 조리대에 놓고 활용하세요. 매일 저녁에 주방일이 다 끝날 때마다 조리대에 식초를 뿌린 후 닦습니다. 이렇게 매일 반복하면 미생물이 번식할 여지를 아예 차단할 수 있죠.

도마에서 냄새가 날 때

how to 01
매일 저녁 도마에 식초를 뿌린 후 헹구지 말고 그대로 둡니다. 그러면 식초의 산 성분이 도마에 밴 냄새를 증발시켜서 없앱니다.

how to 02
베이킹 소다로 도마를 문지른 후 도마의 표면에 식초를 뿌립니다. 이렇게 하면 잠시 거품이 생기다가 없어지는데 이 상태로 5~10분 동안 그대로 두었다가 물로 깨끗하게 헹굽니다.

주의!

식초로 우유를 닦지 마세요 음식이나 음료수를 흘렸을 때 식초로 깨끗하게 닦을 수 있답니다. 하지만 절대로 식초를 사용해서 우유를 닦으면 안 됩니다. 왜냐하면 우유에 식초를 뿌리면 우유가 요구르트 상태로 딱딱하게 굳어져서 더 안 떨어지기 때문이죠. 이때에는 그냥 젖은 행주로 우유를 닦는 것이 가장 좋습니다. 그리고 식용유를 흘렸을 경우에는 베이킹 소다를 뿌려서 유분을 흡수시킨 후 식초를 뿌리는 것이 효과적입니다.

02 배수관에 식초 이용하기

오랫동안 집을 비우면 제일 먼저 배수관에서 퀴퀴한 냄새가 납니다. 집에 돌아왔을 때 재빨리 물을 뿌린다고 해도 냄새가 쉽게 없어지지 않죠. 음식물 쓰레기통이나 싱크대의 음식물 찌꺼기통도 냄새가 날 뿐만 아니라 청소하기도 힘듭니다. 이런 경우에 식초를 이용하여 깨끗하게 청소할 수 있습니다.

배수구 냄새를 없앨 때

how to 01
배수구에 베이킹 소다 1컵을 쏟아 부은 후 뜨겁게 데운 식초 1컵을 붓습니다. 그런 다음, 가만히 두었다가 5분 후 다시 뜨거운 물을 붓습니다. 베이킹 소다와 식초의 양을 각각 ½컵으로 줄여서 같은 과정을 계속 반복하면 배수구도 깨끗해지고 음식물 찌꺼기통의 냄새도 사라집니다.

how to 02
배수구 안쪽에 있는 물기를 완전히 제거한 후 베이킹 소다를 이용하여 깨끗하게 닦습니다. 그런 다음, 배수구 뚜껑과 물받이를 전부 꺼내어 분무기를 이용하여 전체적으로 식초를 뿌린 후 하룻밤 동안 잘 말립니다. 또한 배수구 안쪽에 베이킹 소다와 식초 ½컵을 넣고 30분 이상 방치한 후 뜨거운 물을 1분 정도 틀면 배수구에서 나는 악취도 제거할 수 있어요.

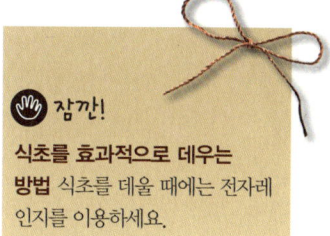

✋ **잠깐!**

식초를 효과적으로 데우는 방법 식초를 데울 때에는 전자레인지를 이용하세요.

음식물 찌꺼기통 냄새를 없앨 때

 얼린 식초를 이용하면 음식물 찌꺼기통의 냄새를 제거하면서 말끔히 세척할 수 있습니다. 얼음통에 얼린 얼음식초 몇 개를 차가운 물과 함께 음식물 찌꺼기통에 흘려보내면 청소가 끝납니다. 정말 간단하죠? 아울러 식초를 얼릴 때 냉동실의 쾨쾨한 냄새도 함께 사라집니다.

 베이킹 소다를 뿌린 스펀지로 음식물 쓰레기통을 깨끗하게 씻은 후 분무기를 이용하여 식초를 전체적으로 뿌립니다. 그런 다음, 하룻밤 동안 엎어 놓고 잘 말리세요.

 잠깐!

산 농도 5% 이상의 식초 만들기 냄비에 백식초를 넣고 이것이 절반 정도로 졸아들 때까지 약한 불에서 계속 가열합니다. 그러면 물이 증발하면서 5~10%의 초산이 만들어집니다. 이렇게 초산을 만들어 두었다가 필요할 때마다 유용하게 사용하세요.

03 전자제품에 식초 이용하기

식초는 전자제품을 청소할 때 전용 세정제보다 더욱 탁월한 세정 효과를 발휘합니다.
특히 냉장고와 같이 음식물을 보관하는 전자제품을 식초로 닦으면 몸에 나쁜 세제의
성분이 남아 있는 것을 걱정할 필요가 없습니다. 여러분도 이제부터 전자제품을
청소할 때 인체에 안전한 식초를 이용해 보세요.

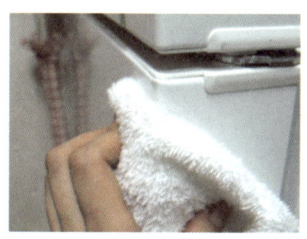

가전제품을 손질할 때

1리터의 물에 식초 ¼컵, 베이킹
소다 ¼컵을 녹인 용액으로 가전
제품을 닦으세요. 이 혼합 용액
은 처음에 거품이 생기다가 나중
에 없어지지만 세정력이 뛰어납니
다.

전자제품의 겉면을 청소할 때

베이킹 소다와 식초 각각 ½컵,
암모니아 1컵, 뜨거운 물 4리터를
혼합하면 전자제품의 겉면을 깨
끗하게 청소할 수 있는 식초 클리
너가 완성됩니다.

가전제품 손자국 지우기

식초와 물을 같은 분량 섞어 분
무기에 넣어 가전제품에 뿌리고
행주로 닦으면 손자국이 말끔히
사라지고 광택도 생깁니다.

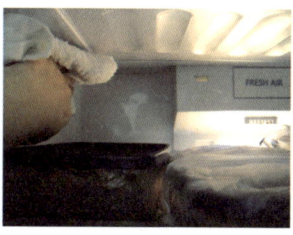

냉장고를 청소할 때

식초와 물을 1:1 비율로 섞은 용
액으로 냉장고 벽과 내부를 닦으
면 깨끗하게 청소할 수 있습니다.
그리고 냉장고 윗부분의 찌든 때
도 종이 타월이나 천에 식초를 묻
혀서 닦으면 깨끗해집니다. 특히
문 부분에 있는 고무 패킹도 식
초를 뿌리고 닦으면 효과적입니
다.

전자레인지 안을 닦을 때

how to 01 전자레인지 용기에 식초와 물을 각각 ⅓컵씩 넣은 후 이것을 전자레인지에 넣고 팔팔 끓을 때까지 전자레인지를 가동시킵니다. 그러면 전자레인지가 작동하면서 내부에 증기가 발생하는데 이 증기 때문에 고착된 음식물 찌꺼기가 떨어집니다. 이 상태에서 음식물 찌꺼기를 깨끗하게 닦으세요. 이 방법을 이용하면 전자레인지 안의 음식물 냄새까지 확실하게 없앨 수 있습니다.

how to 02 식초 1큰술, 식기 세척제 1~2방울, 물 1컵을 섞어 전자레인지에 넣고 팔팔 끓을 때까지 전자레인지를 가동시킵니다. 그런 다음, 약 15분간 그대로 두었다가 깨끗이 닦습니다.

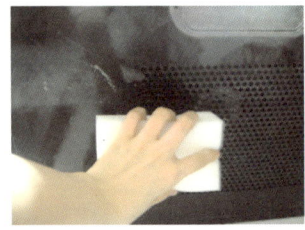

가스레인지 후드를 닦을 때

가스레인지 후드에 때가 찌들었으면 베이킹 소다와 세제를 함께 섞은 후 이것으로 레인지 후드를 문질러서 닦으세요. 그런 다음, 분무기로 식초를 뿌린 후 깨끗한 천으로 닦으면 살균까지 OK! 환기팬도 떼어서 이와 같은 순서로 손질하세요.

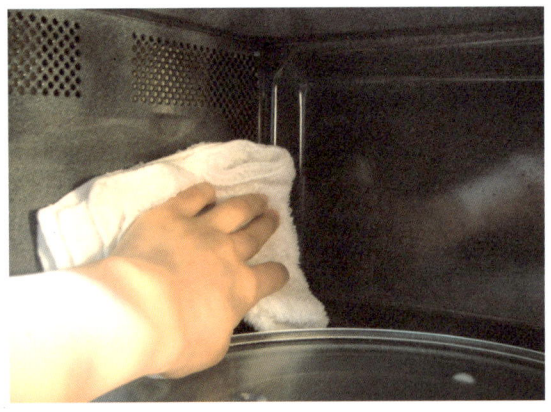

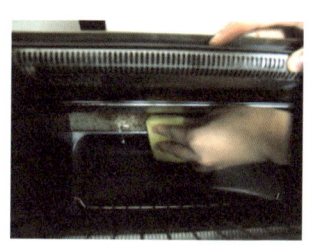

기름이 튄 오븐 문을 닦을 때

오븐 문에 기름이 여기저기 튀어서 보기 싫다고요? 오븐 문의 유리에 10~15분간 백식초를 골고루 뿌린 후 스펀지로 닦으면 깨끗해집니다.

오븐의 그릴을 청소할 때

백식초를 여러 방울 섞은 따뜻한 물에 세제를 약간 섞습니다. 그런 다음, 여기에 스펀지를 살짝 적셔서 오븐의 그릴을 닦으면 깨끗해집니다.

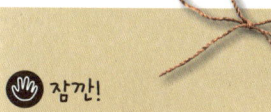

✋ 잠깐!

식기세척기에서 냄새가 날 때
식기세척기의 비누 잔여물이나 냄새를 제거할 때도 식초가 적당합니다. 한 달에 한 번 정도 식기세척기에 식초 1컵을 붓고 전체 코스를 돌리면 냄새가 말끔히 사라집니다.

청소한 오븐을 가열할 때 나는 냄새를 없앨 때

막 청소한 오븐을 가열하면 안 좋은 냄새가 납니다. 이 냄새를 없애려면 오븐을 마지막으로 헹굴 때 식초 원액을 스펀지에 적셔서 닦으면 해결됩니다.

04 유리그릇에 식초 이용하기

유리그릇은 오래 사용하면 때가 낍니다. 그렇다고 냄비처럼 박박 닦을 수도 없죠.
이렇게 닦기 어려운 식기나 유리그릇도 식초를 이용하면 반짝반짝 윤나게 만들 수
있습니다.

접시와 유리그릇을 닦을 때

식기세척기 행굼 상태에서 식초 ⅓컵을 넣으면 접시
나 유리제품을 광택이 날 정도로 깔끔하게 행굴 수
있습니다.

세척한 접시에 하얀 가루 침전물이 묻어나올 때

식기세척기로 세척한 접시에서 때때로 하얀 가루 침
전물이 묻어나오는 경우가 있습니다. 이것을 방지하
려면 식기를 세척기의 아래쪽 선반에 놓고 식초 1컵
을 넣은 후 5분 동안 작동시킵니다. 그런 다음, 평소
에 사용하는 세제를 넣고 다시 세척하세요.

유리그릇에 생기는 막을 제거하는 방법

how to 01 식초는 자체적인 순한 산 성분 때문에 유리 표면에 생기는 얼룩이나 기름때, 미네랄 침전물을 제거하는 데 탁월한 효과를 가지고 있습니다. 특히 유리 표면에 엷게 생기는 하얀막은 불결하게 느껴져서 기분을 상하게 만듭니다. 그러나 주기적으로 유리그릇을 식초로 닦으면 이런 막이 생기는 것을 손쉽게 예방하거나 제거할 수 있습니다. 설거지 후 마지막에 헹굴 때 뜨거운 물에 식초 ½컵을 부은 후 물로 헹굽니다.

how to 02 식초에 담갔다 꺼낸 종이타월이나 천으로 심각하게 변색된 식기 안과 밖을 돌돌 감쌉니다. 이 상태로 한참 동안 그대로 두었다가 물로 깨끗하게 헹굽니다. 만약 하얀막이 그대로 있다면 복구할 수 없는 상태로 만들었기 때문에 더 이상 제거할 수 없는 것입니다.

유리제품을 안전하게 닦고 싶을 때

식기세척기로 세척하는 동안 비싼 유리제품이 물 속에 함유되어 있는 미네랄 때문에 부식되어 손상될 수 있습니다. 이것을 방지하려면 싱크대의 개수대에 따뜻한 물을 받고 여기에 약간의 세제와 식초 1컵을 섞은 물로 접시를 닦습니다. 그런 다음, 잘 헹구어 타월로 물기를 제거하세요.

유리그릇을 소독할 때

물로 막 헹군 유리그릇에 식초를 뿌립니다. 그런 다음, 물이 빠지게 세우거나 깨끗한 타월로 물기를 닦기 전에 뜨거운 물로 다시 한 번 살짝 헹구면 유리그릇을 소독할 수 있습니다.

05 주방용품에 식초 이용하기

커피메이커를 오래 사용하면 안쪽에 침전물이 생깁니다. 더구나 여과 장치가 있을 경우에는 기름때와 커피찌꺼기까지 생기죠. 식초를 이용하면 이렇게 생기는 오염물이나 침전물을 쉽게 제거할 수 있습니다. 또한 보온병처럼 바닥을 닦기가 어려운 주방용품도 식초로 깨끗하게 닦을 수 있습니다.

주전자 속에 석회 침전물이 생겼을 때

주전자에 식초 ⅓컵을 첨가한 물을 담아 하루 동안 그대로 두면 주전자 속 석회 침전물을 제거할 수 있습니다. 만약 석회 침전물을 완전히 제거하고 싶다면 주전자에 식초를 넣고 가열한 후에 그대로 식힙니다. 그런 다음, 이렇게 식힌 물로 주전자를 깨끗하게 헹구세요.

주전자 주둥이를 씻고 싶을 때

50℃정도의 따뜻한 물에 식초를 ¼컵 붓고 주둥이를 막은 채 위아래로 세게 흔든 뒤 주둥이를 통해 식초물을 흘려보내면 찌든 때가 어느 정도 떨어집니다.

보온병 속을 청소할 때

how to 01 백식초 ¼컵과 따뜻한 수돗물을 보온병에 가득 채웁니다. 그런 다음, 병 세척 전용 솔이나 천으로 닦은 후 깨끗이 헹구세요.

how to 02 미지근한 물에 적신 스펀지에 베이킹 소다를 뿌린 후 보온병의 안쪽을 문질러서 닦습니다. 그런 다음, 물로 2~3배 희석시킨 식초를 넣고 뚜껑을 닫은 후 위아래로 흔들어 주세요. 수분이 잘 닿는 부분이어서 세균이 쉽게 번식하는 뚜껑은 식초물에 하룻밤 동안 담가 두었다가 물로 헹구어서 사용하면 깨끗해집니다.

여과 장치가 있는 커피메이커를 청소할 때

여과 장치가 달린 퍼컬레이터(Percolator)식 커피메이커를 청소하려면 커피메이커에 식초를 채운 후 하루 동안 그대로 둡니다. 이렇게 하면 기름때와 커피찌꺼기를 쉽게 제거할 수 있습니다.

커피메이커 속에 미네랄 침전물이 생겼을 때

커피메이커 속에 눌러 붙어 있는 미네랄 침전물을 제거하기 전에 제품 사용설명서를 먼저 점검하세요. 만약 식초 사용에 대한 주의사항이 없다면 식초를 사용해도 괜찮습니다. 우선 물 붓는 곳에 식초 2컵과 물 1컵을 섞어 붓고 제품을 작동시킵니다. 이때 식초물이 끓으면 제품 내부의 찌든 때와 수돗물에서 남은 석회 덩어리까지 깨끗이 제거됩니다. 그런 다음, 찬물을 붓고 한두 번만 더 작동시키면 커피메이커를 깨끗하게 청소할 수 있습니다.

입구가 좁은 유리병을 청소할 때

주둥이가 좁은 유리병이나 꽃병에 엷게 핀 막을 제거하려면 식초 원액을 넣고 여러 시간 동안 그대로 둡니다. 그런 다음, 쌀이나 모래를 약간 넣고 마구 흔들어서 식초로 불린 얼룩을 제거하세요. 필요한 경우에는 이 과정을 반복합니다.

잼병에 곰팡이가 생겼을 때

집에서 만든 잼이나 기타 식품을 담은 유리병의 바깥쪽을 식초로 닦습니다. 이렇게 하면 곰팡이를 만드는 박테리아가 잼병에 생기는 것을 예방할 수 있습니다.

찻잔에 얼룩이 생겼을 때

커피잔이나 찻잔에 묻은 묵은 얼룩을 제거할 때에도 식초를 이용하세요. 소금(또는 베이킹 파우더)과 식초를 같은 분량 섞어서 만든 반죽을 스펀지나 솔에 묻힙니다. 그런 다음, 찻잔을 문지른 물로 헹구면 깨끗해집니다.

브레드박스에 곰팡이 냄새가 날 때

빵을 담아 두는 브레드박스에서는 퀴퀴한 곰팡이 냄새가 나기 마련입니다. 용기에서 나는 냄새를 없애려면 식초에 담갔다가 꺼낸 천으로 용기를 깨끗이 닦으세요. 플라스틱 음식 용기도 이와 같은 방법으로 닦으면 얼룩과 냄새를 제거할 수 있습니다.

오븐 선반을 청소할 때

잘 찢어지지 않는 커다란 쓰레기 봉투에 오븐 선반을 넣고 식기 세척제 ¼컵과 식초, 그리고 펄펄 끓는 물을 섞은 혼합액 1컵을 넣습니다. 그런 다음, 쓰레기 봉투를 창고나 실외에 두고 여러 시간 동안 또는 하루 종일 그대로 두면 오븐 선반을 깨끗하게 청소할 수 있습니다.

오븐의 그릴을 닦을 때

여러 방울의 백식초를 따뜻한 거품물에 섞은 후 이것을 스펀지에 살짝 적셔서 오븐을 쓱쓱 닦으세요. 그러면 오븐이 반짝반짝 윤이 납니다.

도시락통에서 냄새가 날 때

 식초에 푹 적신 신선한 빵 1조각을 도시락통에 넣고 뚜껑을 덮은 후 하루 동안 그대로 두세요. 그러면 도시락통 냄새가 없어집니다.

 물과 식초를 2:1 비율로 섞은 식초물에 도시락을 담그고 잠시 동안 그대로 놔둡니다. 그런 다음, 물로 헹군 후 행주로 닦거나 자연건조하면 됩니다. 이렇게 해도 냄새가 빠지지 않는다면 식초물에 하룻밤 정도 담그세요.

냄비의 탄 냄새를 없앨 때

 냄비가 타거나 야채를 요리할 때 생기는 묘한 냄새를 없애려면 약간의 물에 식초 ¼컵을 넣고 끓입니다. 그러면 물이 끓으면서 발생하는 수증기가 방 안의 공기를 순환시켜서 냄새가 없어집니다. 여기에 약간의 포푸리와 계피가루를 넣으면 방 안 공기가 더욱 향긋해집니다.

 물 1컵에 식초와 베이킹 소다를 각각 1큰술씩 넣고 섞어 냄비에 붓고 끓입니다. 끓인 후 불을 끄고 잠시 두었다가 냄비 안팎을 스펀지로 닦아냅니다. 탄 자국이 잘 지워지지 않는다면 식초를 좀더 넣으세요.

주방에 남아 있는 불쾌한 냄새를 없앨 때

how to 01 약간의 식초를 조그만 사발에 담아 냄새를 없앨 곳에 둡니다. 그러면 식초가 증발하면서 주방 구석구석에 남아 있는 나쁜 냄새를 없앱니다.

how to 02 집에 안 쓰는 식초가 있다고요? 그렇다면 작은 접시에 안 쓰는 식초를 담아 냄새를 없애고 싶은 곳에 둡니다. 그러면 식초가 증발하면서 고약한 냄새가 사라집니다.

아이스박스에 냄새가 배어 있을 때

아이스박스를 사용하려고 열어 보면 음식물 냄새가 배어 있는 경우가 많습니다. 이때에는 안 쓰는 천에 식초를 묻혀서 아이스박스의 안쪽을 잘 닦습니다. 그런 다음, 잠시 동안 뚜껑을 열어둔 채 말리면 음식물 냄새가 싹 사라지죠. 식초 냄새는 금방 날아가 버리므로 걱정하지 마세요.

06 금속제품에 식초 이용하기

옛날에는 기와장을 깨뜨린 가루를 지푸라기에 묻혀서 놋쇠그릇을 닦았습니다.
지금은 놋쇠그릇 대신 냄비나 들통과 같이 금속으로 만든 그릇을 많이
사용하고 있습니다. 이번에는 금속제품을 식초를 이용하여 깨끗이 닦는
방법을 알아보겠습니다.

놋제품에 광택을 낼 때

놋과 구리용기는 토마토케첩 2큰
술과 식초 1큰술을 섞어서 만든
혼합액으로 광택을 냅니다. 깨끗
한 천으로 마를 때까지 문지르면
표면에 광택이 납니다.

냄비의 까만 얼룩을 없앨 때

 백식초와 물을 1:1 비율로 섞어서 알루미늄 냄비에 넣고 끓이면
얼룩이 감쪽같이 사라집니다.

 냄비에 식초를 채우고 30분 동안 그대로 두었다가 세제와 물로
씻습니다.

놋쇠그릇을 닦을 때

 요리 냄비뿐만 아니라 녹슨 놋쇠그릇이나 구리그릇 등을 닦을
때에는 식초와 가는소금을 같은 분량으로 섞어서 만든 반죽을
이용하세요.

how to 02 소금과 밀가루를 1:1 비율로 섞고 여기에 식초를 약간 혼합하여
반죽합니다. 그런 다음, 이것을 놋그릇 위에 펴 바르고 15분 동안
방치하거나 싹싹 문지른 후 물로 헹구세요. 마지막으로 표면에 붙어 있는
물기를 제거하면 깨끗해집니다.

> ✋ **잠깐!**
> **금속 냄비 세척하기** 금속 냄비는
> 0.5리터 분량의 물에 식초 3큰술
> 을 넣은 후 끓이면 깨끗해집니다.

구리냄비를 닦을 때

구리냄비에 뜨거운 식초와 가는소금을 1~2큰술을 섞어서 뿌린 후 스펀지나 수세미로 문질러 주세요. 그런 다음, 물로 헹군 후 물기가 마르기 전에 천으로 닦아주면 얼룩이 생기지 않습니다.

금속 전용 세제를 만들 때

주석영 2큰술에 식초를 적당히 넣어 금속 전용 세제를 만들고 이것으로 금속을 문지른 후 표면이 마를 때까지 기다립니다. 그런 다음, 물로 헹구고 부드러운 천으로 닦아 물기를 제거합니다.

프라이팬을 닦을 때

백식초 2큰술을 탄 물을 팔팔 끓여 프라이팬에 두르고 식용유를 한 번 더 둘러서 프라이팬을 구석구석 닦습니다. 프라이팬을 사용하지 않을 때에는 왁스 처리한 종이를 넣어서 보관하세요. 특히 사용하지 않는 프라이팬에 다른 용기들을 차곡차곡 쌓아 보관할 경우에는 반드시 프라이팬 안에 종이를 넣어 놓아야 합니다.

잠깐! 심하게 녹슨 부분 깨끗하게 청소하기

1~2큰술의 구연산이나 주석산가루에 수소수를 넣고 냄비나 칼, 나이프, 포크 등의 녹슨 부분을 담급니다. 이때 천에 용액을 묻힌 후 천을 녹슨 부분에 붙여놓아도 좋습니다. 30분 정도 지나면 녹슨 부분이 원래의 금속 색상으로 되돌아오는데 그때 물로 헹구세요. 그래도 녹이 남아 있으면 베이킹 소다나 소금으로 닦아서 녹을 벗깁니다. 마무리할 때 식용유를 엷게 발라도 좋습니다.

※구연산(시트르산)은 식물의 씨나 과즙 속에 유리상태의 산으로 함유되어 있는데 과즙이나 청량음료에 첨가하거나 혈액 응고 저지제로도 사용합니다. 대형 마트나 백화점 식품 코너 등에서 구입할 수 있습니다. 그리고 주석산(타르타르산)은 포도에 많이 포함된 천연 유기산으로, 시럽이나 주스 등에 널리 사용하는 성분입니다. 식료품점에서 구입할 수 있습니다.

용어설명

주석영 물에 잘 녹는 무색 결정체로, 타르타르산칼륨 성분입니다. 요리에서 주석영은 계란 흰자의 거품을 안정화시킬 때 사용합니다. 주석영은 요리 재료 전문점에서 구할 수 있습니다.

07 주방 도우미 식초는 만능 해결사!

음식물을 다루는 주방에는 음식물 찌꺼기가 남아 있습니다. 그래서 개미나 여러 가지 벌레가 생기죠. 집안의 위생을 위해 주방에 이러한 해충이 생기지 않게 해야 합니다. 이번에는 식초의 강한 산성 성분을 이용하여 벌레를 없애는 방법과 주방에서 식초를 활용할 수 있는 다양한 방법들을 살펴보겠습니다.

개미떼가 생길 때

현관 출입구나 창문틀, 전자제품 주위 또는 벌레가 들어오는 곳에 백식초 원액을 뿌리세요. 그러면 개미떼가 없어집니다.

초파리가 생길 때

작은 접시에 식초를 부어 필요한 장소에 놓습니다. 그러면 냄새를 맡고 날아온 초파리들이 식초에 빠져서 익사합니다.

통조림 따개를 닦을 때

안 쓰는 칫솔에 식초를 묻힌 후 통조림 따개를 문지르면 깨끗해 집니다.

선풍기 날개와 에어컨 실외기 날개를 청소할 때

선풍기 날개, 에어컨 실외기 날개, 오븐 내부 등 기름때가 끼는 곳에는 어디에나 백식초를 사용하세요. 식초를 흠뻑 적신 스펀지로 기름때가 낀 부분을 문질러서 청소하면 깨끗해집니다.

제빙 용기를 닦을 때

냉동실에서 얼음을 만들 때 사용하는 제빙 용기를 세제와 뜨거운 물로 한 번 깨끗이 닦습니다. 그런 다음, 안쪽의 물기를 잘 제거한 후 얼음을 만들 때처럼 그릇에 식초를 붓습니다. 이 상태로 1시간 이상 그대로 두었다가 식초를 쏟아 버리고 뜨거운 물로 잘 헹구세요.

잠깐!

초파리를 박멸하는 방법 초파리를 없앨 때에는 가급적 식초 원액을 사용하세요. 그러면 초파리를 박멸할 수 있어요.

야외 바비큐용 그릴을 청소할 때

그릴을 가열하기 전과 요리를 끝 낸 후에 그릴에 물과 백식초를 1:1 비율로 섞은 식초 혼합액을 뿌립니다. 이렇게 하면 그릴을 언 제나 말끔하게 청소할 수 있습니 다.

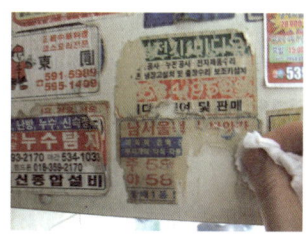

라벨이나 스티커를 없앨 때

떼어내려는 라벨이나 스티커 위 에 식초에 담근 천을 하루 동안 펴두면 저절로 떨어집니다.

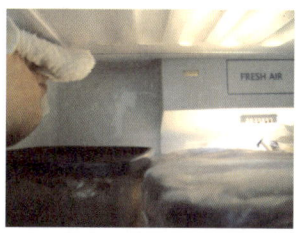

냉장고의 음식물 냄새를 없앨 때

냉장고에서 상한 음식 냄새가 난 다고요? 비누와 물로 냉장고의 내부를 닦은 후 냉장고 벽에 식 초를 뿌립니다. 그런 다음, 젖은 수건이나 스펀지로 깨끗하게 닦 으면 냄새가 없어집니다.

 잠깐!

냉장고의 음식물 냄새를 없애는 또 다른 방법 용기에 베이킹 소다를 넣고 뚜껑을 연 상태로 며칠 동안 냉장고에 두면 음식물 냄새가 사라집니다.

천으로 된 램프갓에 얼룩이 생겼을 때

램프갓에 얼룩이 생기는 것은 뽀얗게 쌓인 먼지 때문입니다. 이렇게 생긴 얼룩은 식초로 제거하는 것이 효과적입니다. 이 때 물에 희석한 식초를 램프갓에 직접 뿌리면 얼룩이 생길 수 있습니다. 그러므로 식초물을 묻힌 천으로 램프갓을 두드리듯이 톡톡 치면서 얼룩을 빼 주세요.

행주를 소독할 때

충분한 양의 물에 식초 ¼컵을 넣고 이 물에 스펀지나 행주를 하루 동안 담그세요. 그러면 새것처럼 변합니다.

손에 밴 양파 냄새를 없앨 때

식초를 손에 묻힌 후 비벼서 씻으면 손에 밴 양파 냄새를 없앨 수 있습니다.

수세미를 소독할 때

수세미나 스펀지를 내열 용기에 담고 끓는 물을 부어 소독합니다. 식초 2큰술, 소금 1큰술, 뜨거운 물 1컵을 45℃ 정도로 데운 후 수세미나 스펀지를 넣고 잘 주무르다가 15분 이상 그대로 담가두어도 매우 효과적입니다.

도마를 소독할 때

도마를 뜨거운 물로 한 번 씻은 후 식초 1컵과 소금 ½큰술을 섞어서 만든 용액을 도마의 앞면과 뒷면에 충분히 분사합니다. 그런 다음, 하룻밤 동안 그대로 두었다가 다음날 다시 한 번 뜨거운 물로 헹군 후 사용하면 도마가 매우 깨끗해집니다.

야채 보관용기를 닦을 때

과일이나 야채를 상하지 않게 보관하려면 보관용기를 식초로 닦으세요. 이렇게 보관하면 습기가 많은 곳에서도 곰팡이가 생기지 않습니다. 식초 냄새는 몇 분만 지나면 없어집니다.

● 조리 중 사용하는 핸드크림 만들기

식초 1컵에 소금 ½큰술을 녹인 액체로 부엌을 청소하면 살균 효과 외에 피부까지 부드럽게 할 수 있습니다. 식초와 물을 각각 ½컵씩 섞은 액체에 소금 ½큰술을 녹여서 용기에 담으세요. 이것을 부엌에 두고 조리 중에 핸드크림으로 사용하면 좋습니다. 음식을 요리할 때에는 크림이나 약을 바를 수 없으므로 이것을 핸드크림 대신 사용해 보세요. 손이 심하게 건조한 경우에는 여기에 글리세린 1~2작은술을 더 넣으면 좋습니다.

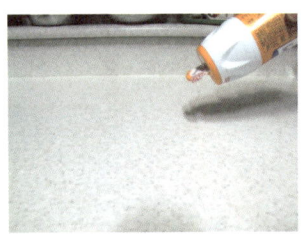

조리대를 소독할 때

조리대에 베이킹 소다를 골고루 뿌린 후 스펀지로 문질러 닦으세요. 그리고 다시 식초 분무기를 골고루 뿌리고 닦습니다.

다 쓴 마요네즈통 냄새를 없앨 때

다 쓴 마요네즈나 땅콩버터통에 남아 있는 원래 내용물의 냄새를 없애고 싶다고요? 방법은 아주 간단합니다. 식초로 용기를 씻기만 하면 됩니다.

딸기 얼룩을 뺄 때

손에 식초를 묻혀서 문지르면 딸기 얼룩을 제거할 수 있습니다.

야채 통조림의 바깥쪽에 곰팡이가 생길 때

과일이나 야채 통조림의 바깥쪽을 백식초로 닦으면 축축한 곳에서도 통조림에 곰팡이가 생기지 않습니다.

 잠깐!

인조대리석에는 식초를 사용하지 마세요 조리대가 인조대리석인 경우는 식초 때문에 색이 변하거나 손상될 수 있으므로 주의하세요.

욕실을 청소할 때에는 화학 세제를 많이 사용하죠. 하지만 이러한 화학 세제에는 환경호르몬이 많이 들어 있기 때문에 결국 우리 몸에 그대로 쌓이게 됩니다. 하지만 베이킹 소다로 욕실을 청소한 후 식초로 소독하면 환경호르몬으로부터 우리의 욕실을 안전하게 지킬 수 있어요.

part 4
세균·냄새 없는
무공해 욕실 만들기

01 욕실 세면대에 식초 이용하기

욕실이나 화장실을 청소할 때에는 식초와 베이킹 소다를 사용하는 것이 좋습니다.
욕실에 식초와 베이킹 소다를 준비해 두면 언제나 깨끗하고 기분 좋은 집을
만들 수 있습니다.

수도꼭지에 석회 침전물이 생겼을 때

수도꼭지에 낀 석회 침전물을 없애려면 식초 ⅓~½컵을 담은 비닐봉지를
수도꼭지에 매달고 2~3시간 동안 그대로 둡니다. 미네랄 침전물이 그대로
남아 있으면 안 쓰는 칫솔로 싹싹 문지르세요.

수도꼭지에 칼슘 침전물이 생겼을 때

수도꼭지에 낀 칼슘 침전물을 제거하고 싶다고요? 식초에 적신 천이나 종
이타월 또는 두루마리 화장지로 수도꼭지를 단단히 감싼 후 여러 시간 또
는 하루 동안 그대로 두세요.

세면대에 비누찌꺼기가 생겼을 때

세면대에 낀 비누찌꺼기를 제거
하려면 소금과 식초를 1:4 비율
로 배합한 혼합액으로 문질러서
닦으세요. 이때 주로 연마작용
을 하는 소금 대신에 식초만으로
도 비누찌꺼기를 제거할 수 있습
니다. 손상되기 쉬운 소재라면 소
금을 넣지 않고 식초만으로 닦는
것이 좋습니다.

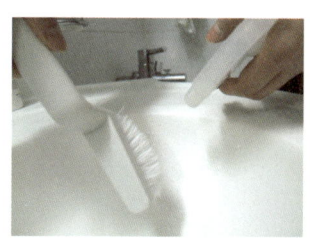

세면대의 비누막을 없앨 때

세면대를 뿌옇게 만드는 비누막
에 식초와 물을 혼합한 액체를
뿌리면 깨끗해집니다.

**욕실 거울에 붙은 흰 얼룩을
없앨 때**

거울에 키친타월을 대고 그 위에
물로 2~3배 정도 희석시킨 식초
를 분무기로 분사합니다. 2~3시
간 후 깨끗한 천으로 닦습니다.
과정을 반복하면 석회 때문에 생
긴 흰 얼룩이 점점 옅어집니다.
그리고 뿌연 거울 표면을 닦을 때
에는 탄산수가 효과적입니다. 탄
산수를 뿌리고 초극세사 천으로
닦으면 거울이 반짝반짝 윤이 날
것입니다.

비누받침을 닦을 때

비누받침에 붙은 비누찌꺼기는
보기에 매우 안 좋습니다. 이런
비누받침을 산성인 식초물에 담
그면 중화되어 비누찌꺼기가 떨
어지죠. 이 상태에서 스펀지로 비
누받침을 가볍게 문지르면 깨끗
해집니다. 액상 비누의 펌프식 병
도 같은 방법으로 청소하세요.

타일 접착용 시멘트 사이에 때가 끼었을 때

타일 접착용 시멘트에 때가 끼었으면 해당 부분에 식초를 뿌리고 몇 분
동안 방치한 후 안 쓰는 칫솔로 빡빡 문지릅니다.

깨끗한 욕실을 만들고 싶을 때

욕실 전체에 식초를 뿌린 후 젖은 수건으로 깨끗하게 닦습니다. 식초에는
세균의 활동을 억제시키는 효과가 있어서 이렇게 하면 욕실을 깨끗하게
만들 수 있습니다.

자기 세면대에 광택을 낼 때

색을 입힌 자기 세면대는 식초 원액으로 문질러서 광택을 낼 수 있습니다.

● 수도꼭지는 식초 대신 구연산으로 청소하세요

구연산은 레몬에 포함된 성분으로, 음료수나 청주에 사용하는 감미료입
니다. 식초는 향이 강하지만 구연산은 향이 없으므로 식초 냄새가 싫은
사람들은 구연산을 사용하세요. 이때 물 1컵에 구연산 1작은술을 녹인
후 분무기 용기에 담아서 식초물과 똑같은 용도로 사용하면 편리합니다.
수도꼭지 주변처럼 석회질이 굳어서 뭉친 부분에 구연산 용액을 뿌리고
스펀지로 문지르면 깨끗해집니다. 구연산가루는 약국에서 구입할 수 있
는데 습기에 약하므로 사용하지 않을 때에는 밀봉용기에 보존하다가 필
요할 때에만 적당량씩 꺼내 쓰세요.

02 욕조와 샤워실에 식초 이용하기

욕실에는 항상 식초를 올려놓으세요. 그리고 가끔 식초를 욕실 바닥에 뿌리세요.
그러면 습한 공기와 냄새를 한번에 바꿀 수 있습니다.

● 식초의 기본 기능

식초는 다음과 같은 기본적인 기능을 가지고 있습니다. 이러한 성질을 일상생활에 잘 활용해 보세요.

▶ 잡균의 활동을 억제하는 항균 작용

▶ 알칼리성 냄새를 중화하고 그 밖의 다른 악취를 제거하는 작용

▶ 비누 성분을 녹이고 머리나 피부, 옷감 등을 부드럽게 하는 린스 작용

▶ 금속이나 생체 안에서 산화 때문에 생긴 녹을 제거하는 환원 작용

✋ 잠깐!

욕실 안의 곰팡이를 막는 방법
욕실 안에 생기는 곰팡이를 예방하려면 식초 ½컵, 물 ½컵, 소금 ½큰술을 혼합한 액체를 분무기를 이용하여 필요한 부분에 분사하세요.

욕실에서 냄새가 날 때

물 1컵에 식초 1큰술과 베이킹 소다 1작은술을 섞은 후 녹입니다. 이때 거품이 생기는데 거품이 가라앉으면 욕실 전체에 뿌리세요. 가볍게 냄새를 없앨 때에는 식초만 뿌려도 좋습니다.

욕실에 곰팡이가 생겼을 때

욕조, 타월, 샤워커튼, 샤워실 문의 곰팡이나 거품 찌꺼기, 그리고 물때를 청소하려면 식초 원액을 뿌린 다음 못 쓰는 칫솔로 문질러 닦아 보세요. 그런 다음 물로 헹구면 깨끗해집니다.

샤워실 유리문을 깨끗이 사용하고 싶을 때

샤워실 유리문에 백식초를 뿌리세요. 그러면 물때가 생기는 것을 예방할 수도 있고, 유리에 이미 생긴 물때를 훨씬 쉽게 제거할 수도 있습니다.

타일 세척제 만들기

베이킹 소다 ½컵, 백식초 ½컵, 암모니아 1컵을 따뜻한 물 4리터에 섞으면 값싸고 질 좋은 타일 세척제가 완성됩니다.

● 식초가 물때와 비누찌꺼기 제거에 효과적인 이유

물때나 비누찌꺼기는 알칼리성입니다. 그런데 모든 식초는 산성이기 때문에 이것들을 제거하는데 매우 적합하죠. 또한 식초는 잡균의 번식을 억제하는 효과도 있으므로 도마와 같은 주방용품의 청결을 유지할 때에도 매우 좋습니다. 식초의 강한 냄새가 싫을 때에는 기호에 맞는 허브를 식초에 담그는 것도 좋은 방법입니다.

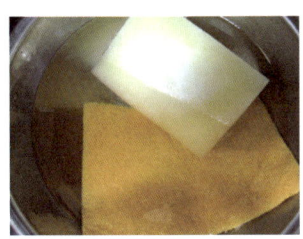

욕실 청소용 스펀지와
수세미를 소독할 때

스펀지와 수세미에 쌓인 먼지나 끈적끈적한 때를 제거하고 싶다고요? 그렇다면 이것들을 농도가 진한 식초물에 넣고 하루 동안 그대로 둡니다. 그런 다음, 찬물로 여러 번 헹궈 햇빛 아래에서 자연 건조시키면 깨끗해집니다.

욕조의 묵은 때를 없앨 때

 how to 01 식초와 베이킹 소다를 순서대로 문지르면 욕조에 낀 묵은 때를 없앨 수 있습니다.

 how to 02 목욕이 끝날 때마다 백식초를 분무합니다. 그러면 훨씬 쉽게 욕조를 청소할 수 있습니다.

03 화장실에 식초 이용하기

화장실에서는 식초의 살균 효과를 최대한 발휘할 수 있습니다. 화장실은 조금만 청소를 게을리 해도 세균이 들끓지만 매일매일 식초를 이용해서 청소하면 깨끗해집니다.

더러운 샤워기를 청소할 때

지퍼락 등의 비닐봉투에 베이킹 소다 ½컵, 식초 1컵을 붓고 샤워기의 헤드 부분을 묶습니다. 거품이 생기면 없어질 때까지 약 1시간 정도 그대로 두었다가 물을 틀어 보세요. 이렇게 하면 묵은 물때가 벗겨지면서 샤워기가 깨끗해집니다.

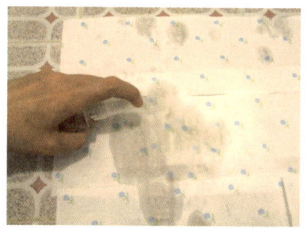

탈부착이 가능한 샤워기를 청소할 때

샤워기 본체에서 헤드 부분만 떼어냅니다. 그런 다음, 식초와 물을 같은 분량으로 섞어 뜨겁게 가열해둔 냄비에 헤드 부분을 넣고 5~20분 동안 유지했다가 꺼냅니다.

화장실 바닥을 청소할 때

화장실 바닥의 먼지를 잘 쓸고 변기의 아랫부분이나 깨끗하게 청소하고 싶은 부분에 티슈를 댑니다. 그런 다음 그 위에 분무기를 이용하여 식초를 뿌리고 1시간 정도 그대로 두면 화장실 바닥이 깨끗해집니다.

주의!
샤워기의 고무워셔를 먼저 분리하세요. 샤워기의 헤드 부분을 가열하기 전에 고무워셔를 먼저 분리하는 것을 꼭 기억하세요.

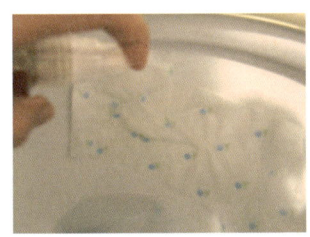

변기를 청소할 때

how to 01 두 번 접은 티슈를 변기의 아래쪽에 두고 그 위에 분무기를 이용하여 식초를 뿌립니다. 티슈는 그대로 변기에 흘려 버리세요.

how to 02 식초 원액을 1컵 이상 변기에 넣고 여러 시간 또는 하루 동안 그대로 둡니다. 그런 다음, 브러시로 문지르고 물을 내리면 변기가 윤이 날 정도로 깨끗해집니다.

how to 03 변기에 식초와 붕사를 각각 1컵씩 넣고 한참 동안 그대로 둡니다. 그런 다음, 화장실 브러시로 변기 속과 변기 입구를 문질러서 청소합니다.

변기 뚜껑을 청소할 때

변기의 안쪽과 바깥쪽에 가끔 식초를 뿌립니다. 그런 다음 식초를 물로 헹구지 말고 저절로 증발하도록 내버려 두면 식초가 증발하면서 악취가 없어집니다.

변기에서 악취가 날 때

 백식초 3컵을 변기에 넣고 1시간 정도 그대로 두었다가 물을 내리면 변기의 악취가 없어집니다.

 물을 최대한 뺀 변기에 끓인 백식초를 4리터 정도 붓습니다. 몇 시간이 지난 후 브러시로 변기를 가볍게 문지르면 석회찌꺼기가 저절로 떨어집니다.

욕실의 공기를 상쾌하게 만들고 싶을 때

 욕실 공기를 상쾌하게 만들려면 베이킹 소다 1작은술, 식초 1큰술, 물 1컵을 섞은 혼합액을 욕실에 뿌리세요. 만약 혼합액에 거품이 생긴다면 더 이상 거품이 생기지 않을 때까지 기다렸다가 잘 흔들어서 사용하세요.

 공기중에 식초를 살짝 뿌려도 욕실 공기를 상쾌하게 바꿀 수 있습니다. 여기에 좋아하는 향수 1방울이나 허브, 향신료, 바닐라 추출물 등을 섞어도 좋습니다.

비데의 노즐을 청소할 때

비데의 전원을 끄고 세정 노즐을 앞으로 뺀 후 식초에 충분히 적신 티슈로 노즐 전체를 감쌉니다. 이 상태에서 30분~1시간 정도 그대로 두세요. 그런 다음, 마른 티슈로 다시 세정 노즐 전체를 잘 닦은 후 제자리에 놓고 전원을 켜세요.

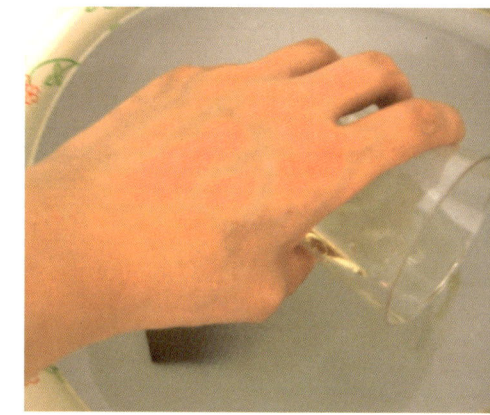

집 안을 청소할 때에도 친환경 물질인 식초를 이용해 보세요. 소독 효과가 우수한 식초를 이용하면 내가 살고 있는 집을 세균이 하나도 없는 청정지역으로 만들 수 있어요. 수많은 화학 물질 때문에 오염된 주변 환경을 하나하나 여러분의 손으로 깨끗하게 바꿔 보세요.

part 5.
구석구석 말끔하게
집 안 청소하기

01 바닥 청소에 식초 이용하기

초산이 주성분인 식초로 원하는 곳을 닦으면 두 번 닦거나 마른걸레질을 할 필요가 없으므로 편리합니다. 청소할 때마다 식초가 항균 작용을 하기 때문에 집 안을 더욱 깨끗하게 유지할 수 있습니다. 그러므로 집에 식초와 베이킹 소다를 준비해 두고 언제나 깨끗하고 기분 좋은 집을 만들어 봅시다.

현관 바닥을 청소할 때

현관 바닥에 베이킹 소다를 뿌리고 긴 자루가 달린 솔에 물을 묻힌 후 바닥을 문질러 닦으세요. 그런 다음, 물에 2~3배 정도 희석시킨 식초를 전체적으로 뿌려 마른 천으로 닦으면 깨끗해집니다.

거실 바닥을 청소할 때

물 1리터, 식초 2큰술을 섞은 용액으로 거실 바닥을 닦은 후 즉시 부드러운 천으로 바닥을 한 번 더 닦아서 물기를 제거합니다. 식초는 바닥에 부착되어 있는 먼지를 효과적으로 녹이기 때문에 한 번만 닦아도 깨끗해집니다.

목제 바닥을 청소할 때

물 1리터와 식초 2큰술을 섞은 용액으로 마른걸레질을 하면 목제 바닥을 깨끗하게 닦을 수 있습니다.

액체 클리닝이 금지된 바닥재를 청소할 때

액체 클리닝을 할 수 없는 바닥재라면 축축한 천으로 가볍게 닦아야 합니다. 이런 바닥은 경제적이면서 환경친화적인 세제로 청소해야 하므로 백식초, 세제용 알코올, 물을 각각 ⅓씩 섞고 여기에 세제 3방울을 떨어뜨립니다. 그런 다음, 이 용액을 바닥에 약간씩 뿌리면서 걸레질하세요. 그러면 바닥이 깨끗해지면서 산뜻한 향을 집 안 곳곳에서 맡을 수 있습니다.

리놀륨 바닥의 얼룩을 없앨 때

리놀륨 바닥의 얼룩 위에 식초를 뿌리고 10~15분 후 닦으세요. 이렇게 해도 얼룩이 그대로 남아 있으면 식초를 다시 뿌리고 그 위에 약간의 베이킹 소다를 살포합니다. 그런 다음, 브러시나 스펀지로 얼룩이 있는 부분을 문질러 물로 깨끗하게 닦아서 마무리합니다.

왁스칠을 할 수 없는 비닐 바닥재를 청소할 때

비닐장판인 경우 약 4리터의 물에 백식초 1컵을 섞은 용액으로 닦습니다. 이렇게 하면 바닥에서 윤기가 납니다.

용어설명

리놀륨 실내 바닥에 까는 재료로, 줄여서 '리노(Lino)'라고 합니다. 리놀륨은 가연성 물질로 사고가 난 대구 지하철 전동차의 바닥재로 사용된 재료입니다.

02 카펫 청소에 식초 이용하기

카펫에 식초를 이용할 때에는 식초가 카펫 색깔에 영향을 주는지 항상 주의해야
합니다. 그러므로 식초를 이용해서 처음 카펫을 청소한다면 눈에 잘 띄지 않는
카펫 위에 먼저 실험한 후 전체적으로 응용하는 것이 현명합니다.

일반적인 카펫 얼룩을 뺄 때

대부분의 얼룩은 식초 2큰술, 소금이나 베이킹 소다¼컵을 혼합해서 만
든 반죽만으로 지울 수 있습니다. 반죽을 카펫 얼룩에 대고 문지른 후 진
공청소기로 잔여물을 빨아들이세요.

카펫 고유의 선명한 색깔을 원할 때

약 4리터의 물에 식초 1컵을 섞은 용액으로 솔질하면 카펫의 색깔을 더욱
선명하게 할 수 있습니다.

카펫에 묻은 기름기가 없는 얼룩을 뺄 때

카펫에 기름기가 없는 얼룩이 묻었으면 발견하자마자 뜨거운 물 4리터에
순한 세제와 식초를 각각 1큰술씩 넣어 혼합한 액체로 닦습니다. 이 경우
재질이 부드러운 브러시나 안 쓰는 수건을 이용하여 닦고 깨끗한 물로 헹
구어 말립니다. 필요한 경우 같은 과정을 반복합니다. 좀더 빨리 말리고
싶으면 헤어드라이어나 선풍기를 이용하세요.

카펫에 묻은 기름 얼룩을 뺄 때

카펫에 음식 자국이나 기름 얼룩
이 묻었을 경우에도 식초를 사용
하여 제거할 수 있습니다. 식초와
세제를 1큰술씩 섞은 용액으로
닦은 후 헹구고 말립니다.

카펫의 세제 잔여물을 없앨 때

카펫 전용 세제에 식초 ¼컵을 넣어 세탁합니다. 그런 다음, 헹굼물에 식초 ¼컵을 넣으면 세제 잔여물을 말끔하게 제거할 수 있습니다. 이렇게 세탁하면 카펫을 더욱 오래 사용할 수 있습니다.

바닥깔개를 청소할 때

식초는 실내외 바닥깔개를 청소할 때에도 매우 유용합니다. 한 양동이의 물에 식초 1컵을 넣어서 세탁하세요. 그런 다음, 브러시나 빗자루를 이용해 문지르고 호스로 물을 뿌려서 헹군 후 말립니다.

카펫에 붙은 껌을 떼어낼 때

카펫이나 직물로 된 소파에 껌이 붙으면 껌을 대충 손으로 떼어냅니다. 그런 다음, 그 위에 식초를 몇 방울 떨어뜨리고 10~15분 동안 그대로 두세요. 이렇게 하면 껌이 부드러워져 잘 떨어집니다. 마지막으로 티슈를 이용하여 껌을 잘 떼어내고 젖은 천으로 껌자국을 닦으세요.

잠깐! 껌을 뗄 수 있는 또 다른 방법

▶ 무스를 바르고 떼어냅니다.
▶ 껌 붙은 부위에 신문지를 대고 다리미로 다립니다.
▶ 얼음을 얹어 놓고 딱딱해지면 떼어냅니다.
▶ 벤젠 휘발유로 녹여서 떼어냅니다.
▶ 아세톤으로 녹여서 떼어냅니다.
▶ 에프킬러 같은 종류의 스프레이를 뿌려서 떼어냅니다.
▶ 마요네즈를 바른 후 문질러 떼어냅니다.

03 창문 청소에 식초 이용하기

창문을 청소할 때에는 항상 식초를 이용하세요. 창문을 닦을 때에는 식초 원액을
사용하거나, 물 한 양동이에 식초 1컵을 넣거나, 물과 식초를 같은 비율로 배합하는 등
비율을 다양하게 조절할 수 있습니다. 어떤 비율을 선택하든지 배합된 식초 용액을
바를 때에는 천이나 스펀지, 분무기를 이용하고 부드러운 천이나 종이타월로 닦으세요.

창문 세정제를 직접 만들 때

물 4리터에 거품이 생기지 않는 암모니아 ⅓컵, 백식초 1컵, 옥수수가루 2큰술을 혼합합니다. 그런 다음, 이것을 분무기에 넣어서 창문에 뿌리고 천으로 닦으면 창문을 간단하게 청소할 수 있습니다.

식초와 옥수수가루를 ⅓컵씩 섞어서 만든 반죽을 천에 묻혀서 창문을 닦습니다. 그런 다음, 깨끗한 마른 천으로 닦으면 광택이 납니다.

바닷바람 때문에 생긴 소금을 없앨 때

바닷가에 산다면 바깥 창문에 식초 원액을 뿌리세요. 이렇게 하면 바닷바람 때문에 창문에 낀 소금을 제거할 수 있습니다.

직접 만든 창문 세정제의 효능을 더 좋게 하고 싶을 때

시중에서 판매되고 창문 세정제의 ⅓분량에 물 ⅓컵과 백식초 ⅓컵을 넣어 혼합해서 사용하세요.

창문 세정제 때문에 생긴 왁스 잔여물을 없앨 때

시판용 창문 세정제를 사용하면 왁스 잔여물이 생길 수 있습니다. 물 2컵, 희석시킨 식초 1컵, 액체 비누나 세제 1작은술을 혼합한 후에 이 용액을 이용해서 닦으면 깨끗해집니다.

창문에 페인트가 묻어 있을 때

창문에 묻은 페인트를 지우려면 우선 식초 원액을 뜨겁게 데웁니다. 그런 다음, 페인트가 풀어지도록 식초를 바르고 일정 시간 그대로 두었다가 면도날로 긁어서 제거하세요.

방충망을 청소할 때

물에 적신 청소용 대형 브러시에 세제를 묻혀서 방충망 위쪽에서 아래쪽으로 문지릅니다. 뒷면도 같은 방법으로 청소하고 물로 헹구세요. 마지막으로 깨끗한 천을 물에 2~3배 정도 희석시킨 식초에 적신 후 가볍게 짜내 위쪽에서 아래쪽으로 다시 닦습니다. 이렇게 청소하다가 브러시가 더러워지면 방충망이 지저분해질 수 있습니다. 그러므로 물을 자주 뿌리고 새 세제를 여러 번 묻혀서 닦으세요.

커튼에 나쁜 냄새가 배어 있을 때

가족 중에 담배를 피우는 사람이 있으면 커튼에 담배 냄새가 배어서 아주 고역입니다. 직물은 냄새를 금방 흡수해 버리기 때문이죠. 하지만 담배 냄새는 알칼리성이므로 산성인 식초를 사용하면 중화되어 없어집니다. 우선 먼지떨이로 커튼을 털어 먼지를 제거합니다. 그런 다음, 커튼 전체에 물로 2~3배 희석시킨 식초를 스프레이로 뿌린 후 말리면 끝납니다. 이때 식초 냄새도 건조되면 날아가 버리므로 안심하세요.

창문에 스티커가 붙어 있을 때

창문에 페인트나 스티커가 묻어 있을 때에는 깨끗한 페인트 브러시에 식초를 묻혀서 닦으세요.

블라인드를 청소할 때

먼지떨이를 이용하여 블라인드의 먼지를 텁니다. 그런 다음, 젖은 목장갑을 손에 끼고 손가락에 세제와 베이킹 소다를 묻혀서 블라인드의 날개를 하나하나 문질러서 닦으세요. 모두 닦았으면 목장갑을 새것으로 바꿔 끼고 블라인드에 식초물(물로 2~3배 희석시킨 것)을 분사한 후 같은 방법으로 다시 하나하나 닦습니다.

✋ 잠깐!

커튼에 식초 얼룩이 남을지 걱정될 때 커튼에 식초를 뿌렸을 때 얼룩이 생기는 것이 걱정이라면 커튼 뒷면의 잘 보이지 않는 곳에 식초를 뿌린 후 상태를 확인해 보세요. 만약 커튼이 전체적으로 지저분하면 식초물을 분사한 곳만 깨끗해져서 보기에 안 좋습니다. 따라서 커튼이 너무 더러우면 차라리 커튼 전체를 세탁하세요.

● **식초를 직접 뿌리면 안 되는 경우**
결이 섬세한 가구에는 식초를 조심해서 사용해야 합니다. 그러므로 식초로 가구를 닦을 때에는 가구의 잘 보이지 않는 부분에 미리 시험해본 후 사용하세요.

04 벽과 목제품 청소에 식초 이용하기

건물이 오래 되었거나 습한 경우에는 벽에 곰팡이가 생깁니다. 이렇게 집 안에 곰팡이가 생기면 공기도 쉽게 오염되고 보기에도 안 좋기 때문에 빨리 제거해야 합니다. 이번에는 식초를 이용하여 곰팡이를 제거하는 방법과 마루나 목제품을 더욱 윤나게 닦는 방법을 알아보겠습니다.

벽에 곰팡이가 생겼을 때

벽에 핀 곰팡이나 먼지, 곰팡이 냄새 등을 제거하려면 천이나 스펀지에 식초 원액을 묻혀서 벽을 골고루 닦으세요.

벽에 찌든 담배 댓진을 없앨 때

벽 등에 묻은 담배 댓진(담뱃대 속에 낀 진)을 없애려면 스펀지나 천에 식초를 적셔 가볍게 닦으세요. 그리고 식초에 적신 천을 방에서 흔들면 담배 연기와 냄새가 없어집니다.

목제품을 청소할 때

목제품을 청소할 때에는 식초 1컵, 베이킹 소다 1컵, 암모니아 ½컵, 따뜻한 물 4리터를 혼합한 용액으로 닦으세요. 이때 완전히 젖은 타월을 사용하면 목제품에 흠이 날 수 있으므로 스펀지나 물기가 살짝 배어 있는 타월을 이용하세요.

마룻바닥을 청소할 때

 마룻바닥을 닦을 때에는 따뜻한 물에 올리브유와 백식초를 적당량씩 잘 섞은 후 이것을 부드러운 천에 묻혀서 깨끗하게 닦습니다.

 올리브유 ¼컵, 식초 ½컵, 따뜻한 물 2컵을 섞은 혼합액을 부드러운 천에 묻혀서 닦습니다.

목제의 광택을 되살릴 때

백식초 1큰술과 실내 온도와 비슷한 정도의 물 1리터를 섞고 이것을 보풀이 일지 않는 부드러운 천에 묻힌 후 니스칠을 한 목제를 닦으면 목제의 광택이 되살아납니다.

벽지를 떼어낼 때

식초와 뜨거운 물을 같은 비율로 배합한 혼합액을 페인트 롤러에 묻혀서 구석구석 문지르면 벽지가 쉽게 떨어집니다. 벽지가 식초 혼합액을 완전히 머금을 때까지 계속 분무하는 것도 좋은 방법입니다.

스티커를 떼어낼 때

식초 원액을 벽지나 문에 뿌려서 흡수시킵니다. 이렇게 하면 스티커를 아주 쉽게 제거할 수 있습니다. 필요하면 같은 과정을 반복하세요.

05 가구 청소에 식초 이용하기

이번에는 식초를 이용하여 가구에 광택을 내는 방법과 청소하기 힘든 천소파의
얼룩을 없애는 방법을 알아보겠습니다.

가구에 광택을 낼 때

how to 01 백식초와 식초를 같은 분량으로 섞거나 식초와 올리브유를 1:3으로 배합하여 만든 광택제로 나무의 결을 따라 닦아보세요. 이렇게 하면 나무에 생기는 하얀 얼룩도 함께 제거할 수 있습니다.

how to 02 식초와 올리브유를 같은 분량으로 섞은 혼합액에 천을 담갔다 꺼냅니다. 그런 다음, 이 천으로 가구를 닦으면 가구에 묻은 먼지를 깨끗하게 털어내면서 광택까지 낼 수 있습니다.

천소파의 얼룩을 없앨 때

백식초 원액을 천소파의 얼룩에 대고 직접 문지릅니다. 그런 다음, 제조업체의 제품설명서에 따라 적절하게 세탁하세요.

옷장을 청소할 때

매일 옷을 수납하는 옷장 안은 퀴퀴한 냄새가 나게 마련입니다. 하지만 계절마다 옷을 정리할 때 식초를 탄 물로 청소하면 옷장 안이 상쾌해집니다. 이렇게 청소한 후 얼마 동안 옷장 문을 열어서 잘 말리면 식초 냄새도 싹 사라집니다.

주의!
소파에 식초를 사용할 때 주의하세요 식초를 사용했을 때 변색되지 않는지 소파 구석에서 먼저 실험해 보고 사용하세요.

06 식초를 이용한 기타 청소 방법

이제까지 식초로 집 안 구석구석을 청소하는 방법을 알아보았습니다. 여러분이 평소에 알고 있던 것보다 훨씬 더 다양한 식초의 활용 방법을 익혔을 것입니다. 자, 그러면 이번에는 식초로 또 무엇을 청소할 수 있는지 살펴볼까요?

피아노 건반을 닦을 때

따뜻한 물 2컵에 식초 ½컵을 넣은 순한 식초 용액을 묻힌 천으로 피아노 건반을 닦습니다. 단, 건반을 닦기 전에 천을 꽉 짜서 거의 마른 상태를 만들어야 건반 사이 식초 용액이 들어가는 것을 방지할 수 있습니다.

방문 손잡이를 닦을 때

방문 손잡이에 식초를 뿌린 후 천으로 닦으세요. 이렇게 하면 유행성 감기가 도는 시기에 감기를 예방할 수 있습니다.

플라스틱 표면에 정전기가 발생할 때

식초와 물을 섞은 혼합액을 적신 천으로 플라스틱이나 비닐 표면을 닦으세요. 그러면 정전기가 발생하지 않으면서 먼지가 덜 쌓입니다.

난로의 유리문을 청소할 때

식초와 물을 1:2로 배합하여 혼합액을 만듭니다. 그런 다음, 난로의 유리문에 뿌리거나 천을 이용하여 닦은 후 마른 천으로 다시 닦으면 깨끗해집니다.

가습기에 곰팡이가 생겼을 때

가습기는 조금만 관리를 소홀히 해도 물곰팡이와 세균이 득실거립니다. 가습기 구석구석을 깨끗이 씻은 후 물을 다시 채울 때 식초 ½컵을 함께 넣으면 곰팡이와 세균을 한번에 박멸할 수 있습니다.

방 전체의 공기를 향기롭게 만들고 싶을 때

식초를 담은 조그마한 그릇에 향신료를 넣어 따뜻한 구석에 놓으세요. 그러면 방 전체에 기분 좋은 향이 가득 찹니다.

빨래할 때 식초를 이용하면 더욱 청결하고 하얗게 세탁할 수 있습니다. 세탁기를 가동시킬 때에도 표백제나 섬유 유연제 용기에 식초를 넣고 사용하면 편리합니다. 이제부터 값비싼 세탁용품 대신 저렴한 식초를 이용하여 더욱 깨끗하게 세탁해 보세요.

part 6
세탁 효과 두 배 높이는
식초 세탁법

01 빨래에 대한 민간요법

빨래를 하는 목적은 옷을 더욱 희고 깨끗하게 그리고 선명하게 만드는 것입니다.
매일매일 나오는 빨래를 깨끗이 세탁하는 방법은 매우 다양합니다.
이러한 여러 가지 방법 중에서 무공해 세제인 식초를 이용해서 세탁하는 방법을
알아보겠습니다.

헹굼물에 식초를 넣으면 색이 바래는 것을 막을 수 있습니다

세탁 후 옷의 색이 바래는 경우가 있습니다. 이것을 방지하려면 헹굴 때 식초 1컵을 넣으세요. 천을 염색할 때에도 마지막에 식초물에 담그면 염료를 정착시킬 수 있습니다.

헹굼물에 식초를 넣으면 멸균 효과가 있습니다

모든 세탁물을 마지막으로 헹굴 때 식초 ¼컵을 넣습니다. 식초의 산 성분은 섬유 조직을 손상시키지 않을 만큼 순하면서도 비누나 세제의 알칼리 성분을 용해시킬 정도로 강력합니다. 식초는 비누 성분을 제거하면서 동시에 천이 누렇게 바래는 것을 방지합니다. 또한 천을 유연하게 만들고, 정전기를 발생시키지 않으며, 곰팡이와 세균의 공격을 차단합니다.

세탁할 때 식초를 넣으면 보풀이 생기지 않습니다

세탁할 때 식초 ½컵을 넣으면 옷에 보풀이 생기는 것을 방지할 수 있습니다.

새 옷을 식초물에 세탁하면 화학 물질이 제거됩니다

식초 ½컵을 탄 물로 새로 산 옷을 세탁하면 제조과정 중에 생긴 화학 물질이 제거됩니다.

검은색 옷을 식초물에 헹구면 깨끗하게 세탁할 수 있습니다

검은색 옷을 세탁할 때 맨 마지막 헹굼물에 식초를 사용하세요. 검은색을 뿌옇게 만드는 비누찌꺼기를 식초가 없앱니다.

잠깐!

이곳에는 식초를 뿌리지 마세요
실크, 아세테이트, 레이온은 옷감의 색이 변할 수 있으므로 식초를 사용하면 안됩니다.

02 식초로 더욱 하얗고 선명하게 세탁하기

더욱 새하얗고 선명하게 세탁하고 싶을 때, 행주를 하얗게 세탁하고 싶을 때 식초를
유용하게 이용하는 방법을 살펴보겠습니다.

행주를 하얗게
세탁하고 싶을 때

큰 물통에 식초 1컵을 넣고 팔팔
끓인 후 얼룩진 흰 양말이나 사
용하던 행주를 하룻밤 동안 식초
에 담그세요. 놀랄 만큼 다시 하
얘집니다.

흰 운동화를 하얗게 세탁하고
싶을 때

흰 운동화를 세탁할 때 마지막
단계에서 식초를 이용해 보세요.
즉, 4리터 정도의 물에 식초 ¼컵
을 넣고 세제로 세탁한 운동화를
담갔다가 물로 헹군 후 말립니다.
그러면 섬유 속에 남은 알칼리성
비누찌꺼기를 산성인 식초가 중
화시켜서 운동화를 더욱 희고 깨
끗하게 만듭니다.

와이셔츠 목 부분의 때를
세탁할 때

와이셔츠를 세탁하기 전에 둥글
게 때가 낀 셔츠 칼라 주변을 식
초와 베이킹 소다를 섞어서 만든
반죽으로 문지르면 때가 잘 빠집
니다.

주의!

염소 표백제와 식초는 상극! 절대로 염소 표백제와 식초를 함께 섞으면
안 됩니다. 식초의 농도나 pH가 아무리 약해도 산이 염소와 만나면 유해
한 염소가스가 발생합니다. 이 가스를 들이마실 경우에는 호흡 곤란에
빠질 뿐만 아니라 사고로 죽을 수도 있으므로 주의하세요.

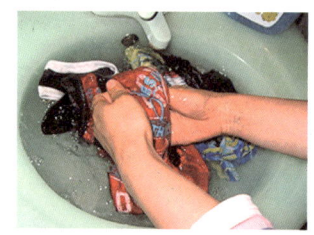

빨래에서 표백제 냄새가 날 때

표백제 때문에 생긴 냄새를 제거하려면 헹굼물에 식초 ¼컵을 넣고 세탁을 마무리하면 효과적입니다.

색깔 있는 옷을 세탁할 때

how to
01 헹굼 모드에서 식초 ½컵을 넣으면 밝은 색상이 더욱 선명해집니다.

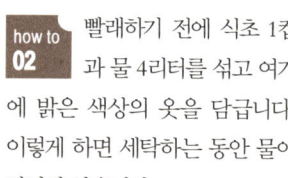

how to
02 빨래하기 전에 식초 1컵과 물 4리터를 섞고 여기에 밝은 색상의 옷을 담급니다. 이렇게 하면 세탁하는 동안 물이 빠지지 않습니다.

 잠깐!

비오는 날에는 빨래를 더 많이 헹구세요 빨래가 마르기 시작하면서 세균이 번식할 수 있는 최적의 습도상태가 됩니다. 이때부터 빨래에서 냄새가 나기 시작하죠. 그러므로 비오는 날에 빨래를 할 경우에는 세균이 좋아하는 먼지나 오물이 남아 있지 않게 평소보다 더 많이 빨래를 헹궈야 합니다.

03 식초로 얼룩과 냄새 없애기

옷에 묻은 얼룩을 재빨리 빼지 않으면 깨끗하게 제거하기가 매우 어렵습니다.
이번에는 식초를 이용하여 옷에 묻은 얼룩이나 접착제를 없애는 방법을
알아보겠습니다. 또한 불쾌한 냄새를 없애는 방법도 살펴보겠습니다.

녹색채소 얼룩을 없앨 때

야채나 풀 때문에 생긴 얼룩은 물과 식초를 같은 분량으로 섞은 용액으로 없앨 수 있습니다. 그대로 담그기만 해도 얼룩이 없어집니다.

수용성 얼룩을 없앨 때

토마토케첩이나 커피, 홍차, 오렌지주스, 와인, 로션, 오줌, 땀 등의 수용성 얼룩은 식초를 탄 물로 쉽게 제거할 수 있습니다.

땀냄새와 방취제 냄새를 없앨 때

옷을 세탁하기 전에 겨드랑이나 옷깃 주변에 식초를 뿌리고 세탁하세요. 옷에 밴 땀냄새와 얼룩, 방취제 냄새까지 한꺼번에 해결할 수 있습니다.

핏자국이나 겨자 얼룩을 없앨 때

혈액이나 머스터드(겨자) 얼룩은 탄산수를 묻히면 쉽게 제거할 수 있습니다. 특히 겨자 얼룩은 세탁 전에 얼룩에 식초를 톡톡 두드리듯이 바르면 간단하게 뺄 수 있습니다.

✋ 잠깐!

리넨(Linens) 아마(亞麻)의 섬유로 짠 얇은 직물로, 여름 옷감이나 책상보, 손수건 등을 만드는 데 많이 사용합니다.

옷에 묻은 얼룩을 없앨 때

옷이나 리넨에 묻은 얼룩은 우유와 식초를 같은 분량으로 섞은 혼합액으로 없앨 수 있습니다.

옷에 묻은 녹을 없앨 때

녹물이 묻은 옷 부분에 직접 식초를 묻혀서 스며들게 하고 그 부분을 소금으로 문지릅니다. 그런 다음, 직사광선에 잘 말린 후 평소처럼 세탁하세요. 옷감 소재에 따라서 얼룩이 남을 수도 있으므로 눈에 띄지 않는 부분에 먼저 테스트해 보고 실시하세요.

옷에 붙은 껌을 떼어낼 때

옷에 껌이 붙었을 때에도 식초를 사용하면 좋습니다. 우선 껌을 손으로 대충 떼어냅니다. 그런 다음, 껌이 남은 부분에 식초를 몇 방울 떨어뜨리고 10~15분 정도 그대로 두세요. 껌이 부드러워지면 손으로 껌을 떼어내고 그 부분을 젖은 천으로 닦아 껌자국을 없애면 됩니다. 카펫이나 소파에 껌이 붙었을 때에도 같은 방법을 이용하세요.

접착제의 얼룩을 없앨 때

옷에 묻은 풀이나 접착제의 얼룩은 물, 백식초, 액체 비누를 섞은 혼합액으로 제거할 수 있습니다.

스파게티와 토마토케첩 얼룩을 없앨 때

스파게티, 바비큐, 토마토케첩 얼룩은 식초와 물을 섞은 혼합액으로 세탁 전에 뺄 수 있습니다.

옷에서 그을음 냄새가 날 때

옷에 그을음 냄새가 배어 있다고요? 그러면 펄펄 끓는 물을 욕조에 가득 채우고 식초 1컵을 넣습니다. 연기가 나는 물 위쪽에 옷을 걸어 두고 욕실 문을 닫으면 증기가 섬유 속으로 침투하면서 그을음 냄새가 저절로 빠져나갑니다.

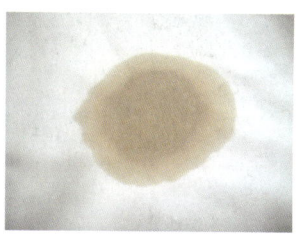

면에 콜라를 쏟았을 때

면이나 면 혼방 섬유에 콜라를 쏟았다고요? 콜라 얼룩은 발견하자마자 식초를 스펀지에 묻혀서 얼룩이 생긴 부분을 문지르세요. 그런 다음, 곧바로 세탁하면 깨끗해집니다.

맥주 얼룩과 냄새를 없앨 때

맥주 얼룩이나 냄새는 물과 식초를 섞은 혼합액을 묻힌 스펀지로 닦은 후 세탁하세요. 그리고 오래된 맥주 얼룩은 약한 소금과 물 혼합액에 하룻밤 동안 담그면 빠집니다.

04 식초로 다루기 어려운 옷 세탁하기

울 소재의 옷이나 스타킹은 잘못 세탁하면 보풀이 생기고 옷감이 손상됩니다.
울 전문 세제를 이용하는 것도 좋은 방법이지만 식초를 이용하면 울 자체가 가지고
있는 부드러운 성질을 살리면서 세탁할 수 있습니다. 이번에는 식초를 이용하여
조심스럽게 다루어야 하는 옷감을 세탁하는 방법을 알아보겠습니다.

면담요나 울담요를 세탁할 때

면이나 울담요를 빨 때 마지막 헹굼물에 식초 1~2컵을 넣어 세탁하세요. 그러면 담요가 더욱 폭신폭신해질 것입니다.

수영복의 염소 성분을 없앨 때

풀장에서 수영을 하면 수영복에 염소가 묻습니다. 이것을 제거하려면 소량의 아스코르빈산이나 레몬즙 또는 물에 식초를 혼합한 후 여기에 수영복을 5분 정도 담갔다가 물에 헹구세요.

스타킹에 보풀이 생길 때

스타킹에 보풀이 생기는 것을 막으려면 헹굴 때 식초 1큰술을 넣으세요. 이렇게 하면 정전기도 방지하면서 더 오래 신을 수 있습니다.

옷에 풀이 묻었을 때

옷에 풀이 묻었으면 먼저 해당 부분을 식초에 푹 담급니다. 그런 다음, 풀이 풀어질 때까지 기다렸다가 평소와 똑같이 세탁하세요.

울이나 아크릴 소재 스웨터를 세탁할 때

보풀이 생기는 울이나 아크릴 소재 스웨터를 세탁할 경우 마지막 헹굼물에 식초 ½컵을 넣으세요. 그러면 보송보송한 솜털 느낌의 부드러움이 되살아나고 비누 냄새도 제거할 수 있습니다.

식탁보가 누렇게 변색되었을 때

리넨 소재의 식탁보나 침대보를 오랫동안 보관하면 색깔이 누렇게 변색됩니다. 이것을 예방하려면 세탁할 때 헹굼물에 식초를 넣으세요.

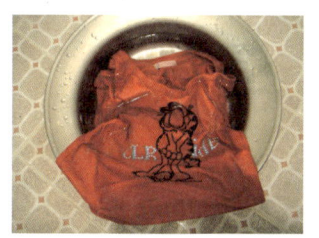

손빨래할 때

손빨래할 때 마지막 헹굼물에 소량의 식초를 넣으면 비누 잔여물을 없앨 수 있습니다. 마지막으로 찬물에 한 번 더 헹구어 빨래를 끝내세요.

나일론 호스를 청소할 때

나일론 호스의 표면을 매끄럽게 하면서 더욱 오랫동안 사용하려면 세탁 헹굼물에 식초 1큰술을 타세요.

커튼에서 정전기가 생길 때

커튼이나 식탁보를 빨 때 마지막 헹굼물에 식초를 넣으면 정전기를 효과적으로 예방할 수 있습니다.

세탁기에 젖은 세탁물을 오랫동안 넣어두었을 때

세탁기에 젖은 세탁물을 넣어둔 것을 깜박 잊었다고요? 이 경우에는 식초를 여러 컵 넣고 뜨거운 물로 세탁물을 세탁합니다. 그런 다음, 세제를 넣어 평소와 똑같이 세탁하면 곰팡이 냄새가 말끔하게 사라집니다.

 잠깐!

세탁기의 청결을 유지하는 방법 식초는 세탁기 자체를 깨끗이 하는 데에도 도움이 됩니다. 세탁기 속에 다른 것을 전혀 넣지 않은 상태에서 식초 1컵만 넣고 정기적으로 세척하면 호스가 깨끗해지면서 비누 찌꺼기까지 녹일 수 있습니다.

05 다림질할 때 식초 이용하기

다리미 바닥에 생긴 얼룩은 어떻게 없애야 할까요? 또한 다림질하다가
옷에 그을음이 생겼다면 어떻게 해야 할까요? 이런 경우에도 식초를 이용하면
얼룩을 간단히 제거할 수 있답니다.

다리미 바닥을 청소할 때

식초에 푹 담근 천으로 다리미 바닥을 닦으면 바닥에 남아 있는 찌꺼기와
얼룩을 제거할 수 있습니다.

스팀다리미를 청소할 때

스팀다리미를 항상 깨끗하게 가장 좋은 상태로 유지하려면 스팀분출구
와 스프레이 노즐에 남아 있는 미네랄 침전물을 제거해야 합니다. 우선
식초와 증류수를 같은 분량으로 섞어서 다리미 물통에 채웁니다. 그런
다음, 다리미를 수직으로 세워서 5분 동안 작동시킵니다. 다리미가 식으
면 물탱크를 물로 씻고 물탱크에 물을 다시 채운 후 안 쓰는 천 위에서
흔들어 헹굽니다. 침전물을 깨끗하게 제거했는지 다림질하기 전에 꼭 확
인해 보세요.

다림질을 잘못해서 그을음
자국이 생겼을 때

 how to 01 다림질을 잘못해서 그을음 자국이 생겼다면 식
초와 소금을 같은 분량으로 섞어
서 적당하게 가열합니다. 그런 다
음, 이것으로 그을음 자국을 문
지르세요. 이렇게 해도 얼룩이 지
워지지 않으면 식초만 이용해서
닦으세요.

 how to 02 옷에 남아 있는 살짝 그
을린 얼룩 자국은 식초
로 부드럽게 문지르면 깨끗하게
사라집니다.

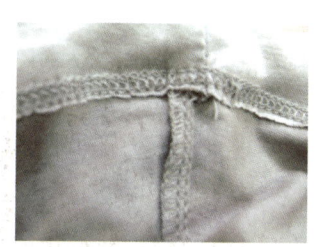

옷단에 묻은 실밥을 떼어낼 때

옷단을 뜯으면 옷단 주변에 작은 실밥들이 묻어 있습니다. 이것들을 하나하나 손으로 떼려면 매우 번거롭죠. 이때에는 식초에 적신 천을 실밥을 뜯은 옷단의 아래쪽에 놓고 다림질하세요. 그러면 옷단에 묻어 있는 실밥이 한꺼번에 떨어집니다.

울 소재 옷에 남아 있는 주름을 펼 때

식초를 적신 스펀지로 주름의 결을 따라 문지르면 울 소재에 남아 있는 주름을 펼 수 있습니다. 만약 가벼운 주름이라면 식초물을 뿌린 후 통풍이 잘 되는 그늘에 두면 식초가 저절로 날아가면서 주름이 깨끗하게 펴집니다.

뜯은 바지단에 바느질 자국이 남아 있을 때

바지나 스커트의 단을 낼 경우 뜯은 지점에 식초를 뿌린 후 다림질하면 접힌 자국과 바느질 자국이 없어집니다.

주름을 잡을 때

주름을 잡은 곳에도 식초와 물을 섞은 혼합액을 사용합니다. 물과 식초를 2:1의 비율로 섞은 용액을 뿌리고 그 위에 무늬 없는 포장지를 대고 다림질하세요.

● **다림질 잘하는 방법**

▶ 탈수 후 곧바로 다림질합니다.

▶ 스팀 다림질을 할 경우 다리미 물 속에 좋아하는 향수를 약간 부어서 다립니다. 그러면 옷에서 향기가 납니다.

▶ 화학섬유를 다림질할 때 다리미의 밑판에 치약을 조금 바르면 옷이 눌어붙지 않습니다.

▶ 넥타이를 다릴 때에는 신문지를 넥타이 양쪽 모서리 크기로 접어서 넥타이 속에 넣고 가볍게 다림질하면 주름이 펴지면서 모양이 자연스럽게 되살아납니다.

▶ 와이셔츠 칼라는 테두리에서 중심을 향해 다립니다.

06 가죽제품에 식초 이용하기

가죽제품을 닦을 때에는 가죽 전용 세제를 이용합니다. 하지만 오늘부터는
식초를 이용해서 가죽을 닦아보세요. 가죽 전용 세제보다 더 좋은 효과를 확인할 수
있을 것입니다.

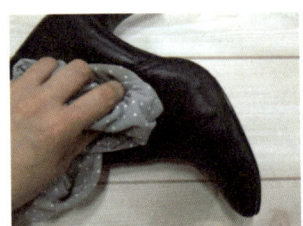

**구두에 묻은 물때와 염분
얼룩을 뺄 때**

구두나 부츠에 묻은 물때와 염분
얼룩을 빼려면 식초와 물을 같은
분량으로 섞어서 닦은 후 광을
냅니다.

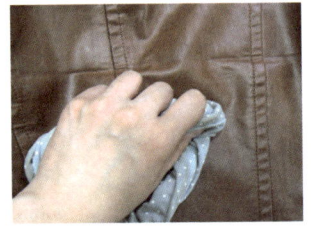

**가죽에 생긴
하얀 얼룩을 없앨 때**

스펀지에 식초를 묻혀서 닦으면
가죽에 생긴 하얀 얼룩을 깨끗이
닦을 수 있습니다.

**가죽소파에 남은
왁스찌꺼기를 없앨 때**

가죽 의자나 소파에 남은 왁스찌
꺼기를 제거하고 싶다고요? 우선
식초와 물을 반반씩 섞은 혼합액
을 천에 적십니다. 그런 다음, 이
것으로 해당 부분을 닦고 깨끗하
고 부드러운 천으로 문질러서 물
기를 제거하면 OK!

에나멜 소재의 가죽을 닦을 때

에나멜 소재의 가죽 구두나 가방은 마른 천에 물로 2~3배 정도 희석시킨
식초를 묻혀서 닦으세요. 그런 다음, 물기가 남지 않도록 마른 천으로 잘
닦으면 다시 반짝반짝 윤이 납니다.

🖐 잠깐!

**식초를 신발에 미리 테스트 하
세요** 식초 때문에 신발이 변색될
수도 있으므로 신발의 모퉁이에
식초를 뿌려서 테스트해 보세요.

머리를 감을 때 린스 대신 식초를 몇 방울 떨어뜨리면 머릿결에 윤이 난다는 사실은 잘 알고 있을 것입니다. 이와 같이 식초의 유용한 기능을 이용해서 우리의 몸도 안전하고 깨끗하게 유지할 수 있어요. 이제부터 시중에서 판매하는 화장품 대신 식초를 이용하여 우리 몸을 가꿔 보세요.

part 7.
깨끗한 천연 세정제
식초 바디케어

01 머리 손질에 식초 이용하기

요즘에는 스트레스 때문에 젊은 사람들도 머리가 많이 빠집니다. 머리는 여성뿐만 아니라 남성에게도 매우 소중하므로 평소에 잘 관리해야 하죠. 모발 관련 제품은 가격이 매우 비쌉니다. 그러므로 쉽게 구할 수 있는 식초를 이용하여 머리를 손질하는 방법을 잘 익혀두세요.

샴푸 후 린스할 때

샴푸 후 린스할 때 식초를 이용하면 머릿결이 부드러워집니다. 그리고 염색한 머리 색이 더욱 선명해질 뿐만 아니라 비듬 제거에도 도움이 됩니다.

● 헤어린스 직접 만들기

식초에 좋아하는 허브나 향신료를 넣으면 자신만의 헤어 린스를 만들 수 있습니다. 단, 직접 사용하기 전에 2주 동안 그대로 두세요. 2주 후에 첨가물들을 걸러내고 물로 희석시킨 후 예쁜 플라스틱 용기에 넣어 샤워실에 두고 사용하세요. 물 2컵에 식초 1컵을 섞기만 해도 훌륭한 린스를 만들 수 있습니다.

머리가 간지러울 때

샴푸를 하고 두피에 식초를 문지른 후 린스하면 훨씬 덜 간지럽습니다.

머리를 헹굴 때

미네랄워터에 식초를 넣어서 헹구면 머리카락에 최고급 트리트먼트를 한 것과 똑같은 효과를 줄 수 있습니다. 마시다가 남은 미네랄워터가 있으면 꼭 시도해 보세요.

머리에 이가 있을 때

머리에 이가 있으면 이 제거 샴푸를 쓰기 전에 물에 식초를 탄 혼합액으로 머리를 감으세요. 이렇게 하면 식초의 산 성분 때문에 머리에 붙어 있는 이들이 힘이 약해져서 이 제거 샴푸가 확실하게 효능을 발휘할 것입니다.

비듬을 없앨 때

물에 식초를 탄 혼합액을 이용해서 정기적으로 린스하면 비듬 제거에 매우 효과적입니다.

🖐 잠깐!

비듬을 없애는 민간요법 비듬에는 소금 마사지가 좋습니다. 머리를 감은 후 머리에 소금을 뿌리고 손으로 골고루 마사지하여 따뜻한 물로 씻으세요. 그리고 녹차팩도 비듬 제거에 효과적입니다. 달걀노른자에 녹차가루를 섞은 후 빗을 이용해 이것을 머리 전체에 골고루 바릅니다. 그런 다음 머리에 타월이나 비닐 모자를 쓰고 30분쯤 후에 머리를 녹차물로 헹구면 좋습니다.

02 얼굴 손질에 식초 이용하기

얼굴은 신체의 다른 부분보다도 모공이 많아서 얼굴에 묻은 것을 쉽게 흡수해버립니다. 그러므로 식초를 얼굴에 사용할 때에는 안전하고 효과적인 사용 방법을 정확하게 알고 있어야 합니다. 자, 이제부터 식초를 충분히 활용해서 얼굴을 좀 더 아름답게 가꾸어 보세요.

클렌징한 후

깨끗하게 클렌징한 얼굴에 사과식초를 이용해서 증기를 쐬면 모공을 좁힐 수 있습니다. 우선 머리에 타월을 두른 후 물에서 약간 떨어져서 1분 정도 얼굴에 스팀을 쐬습니다. 그런 다음, 화장솜에 사과식초를 묻혀서 피부에 남아 있는 먼지와 피지를 닦으세요. 얼굴의 온기가 수그러들면 차가운 식초를 모공 주변에 가볍게 두드려 발라서 모공을 관리합니다.

면도를 끝낸 후

면도를 한 후 애프터셰이브 로션 대신 희석시키지 않은 식초를 바르세요. 시중에서 판매하는 애프터셰이브 로션은 화학 성분이 강해서 발진과 가려움증이 생길 수 있습니다. 하지만 식초를 사용하면 피부가 더욱 부드러워지면서 피부 트러블도 진정시킬 수 있어요. 식초 냄새도 금방 사라지므로 너무 걱정하지 마세요.

피부결을 정돈할 때

식초와 물을 반반씩 섞은 혼합액을 이용하면 피부결을 차분하게 정돈할 수 있습니다.

● 말린 허브로 식초 화장수 만들기

식초 화장수는 피부의 가려움증이나 짓무름을 가라앉히고 신진대사를 도와줍니다. 또한 항염증 작용의 영향으로 모공을 수축시키고 피부의 pH 균형을 유지시킵니다.

이제부터 허브를 이용하여 식초 화장수를 직접 만들어 보겠습니다. 이렇게 만든 화장수는 소독한 용기와 정제수를 사용하면 상온에서는 2주일 정도, 냉장고에서는 2개월까지 보관할 수 있습니다. 식초가 들어간 화장수는 산의 농도를 반드시 1% 이하로 맞추세요. 피부 상태에 따라 산의 농도를 0.01~0.1%로 조절해도 좋습니다.

재료 질 좋은 자연식초 적당량, 말린 허브 적당량, 글리세린 1작은술
만들기
① 유리용기에 허브를 넣고 식초를 붓습니다. 이때 허브보다 3~5cm 위까지 식초를 부어서 허브가 식초에 잠기도록 하세요.
② 유리용기에 뚜껑을 덮고 따뜻한 곳에 2주일 정도 놓아 둡니다. 이때 하루에 한 번씩 유리용기를 흔들어 주세요.
③ 2주일 후 허브를 걸러 내고 글리세린을 섞어서 사용하기 좋은 병에 옮겨 담습니다.

03 손과 발 손질에 식초 이용하기

평소에도 손과 발을 깨끗하게 유지해야 건강하게 생활할 수 있습니다. 이번에는
손발의 건강을 유지하는 것과 식초가 어떤 관련이 있는지 살펴볼까요?

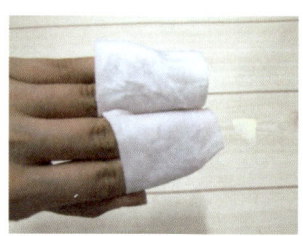

손톱과 발톱을 손질할 때

식초에 담근 타월로 손톱이나 발톱을 미리 감싼 후 손질하면 피부가 부드
러워져서 훨씬 쉽게 손질할 수 있습니다.

페디큐어를 할 때

발과 발톱을 곱게 다듬는 페디큐어를 하기 전에 희석시키지 않은 식초를
천에 적신 후 이것으로 발을 싸두세요. 그러면 피부가 부드러워져서 페디
큐어를 더욱 잘 칠할 수 있습니다.

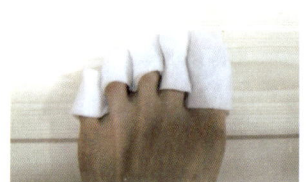

발톱균의 번식을 막고 싶을 때

식초 원액에 발을 담그면 피부의 pH를 변화시켜서 발톱균의 번식을 억제
할 수 있습니다.

매니큐어를 오래 유지하고 싶을 때

매니큐어를 오랫동안 지워지지 않은 상태로 유지하고 싶으면 화장솜에 식
초를 묻혀서 손톱을 닦은 후 매니큐어를 칠하세요.

04 온몸 구석구석에 식초 이용하기

이제까지 손과 발, 얼굴과 같은 신체의 각 부분에 식초를 이용하는 방법을 살펴보았습니다. 그러나 손발이나 얼굴뿐만 아니라 온몸 구석구석에 식초를 이용하여 청결을 유지할 수 있습니다.

몸에 검버섯이 날 때

몸에 검버섯이 난다면 양파 주스와 식초를 같은 분량으로 섞은 혼합액을 매일 뿌립니다. 금방 효과가 나타나지는 않지만 매일 사용하면 비싼 제품보다 효과가 더 좋습니다.

몸에 기미가 낄 때

얼굴 기미를 제외하고 몸의 여기저기에 피어 있는 기미에 식초를 문지르면 기미의 색이 흐려집니다.

근육이 당기거나 피부가 가려울 때

how to 01 근육이 당기거나 피부가 가려울 때 사과식초 1컵을 넣은 따뜻한 목욕물에 몸을 담급니다. 욕조에 마른 허브나 꽃잎을 띄우면 은은한 향기가 나면서 매우 훌륭한 휴식처가 됩니다.

how to 02 허브, 향신료, 솔잎 등을 추가한 식초를 약한 불에 데운 후 재료들을 건집니다. 그런 다음, 욕조에 몸을 담그기 전에 이 식초 혼합액을 욕조에 섞으면 가려운 피부에 매우 효과적입니다.

몸에서 불쾌한 냄새가 날 때

how to 01 1:2의 비율로 배합한 식초와 물의 혼합액에 천이나 스펀지를 적십니다. 그리고 이것으로 몸을 닦으면 땀냄새와 몸에서 풍기는 좋지 않은 냄새를 제거할 수 있습니다.

how to 02 몸에 식초를 뿌리거나 손으로 톡톡 바르면 땀을 흘리는 것까지는 없애지 못하지만 몸에서 나는 안 좋은 냄새를 충분히 중화시킬 수 있습니다. 피부나 옷에 남아 있는 식초 냄새는 곧 증발하여 1시간 이내에 완전히 사라지므로 걱정하지 마세요.

입냄새가 날 때

일주일에 한두 번씩 식초로 양치질을 하면 입냄새가 줄어들면서 이가 하얘집니다.

틀니나 교정 기구를 닦을 때

틀니나 교정 기구를 가볍게 물로 씻어서 용기에 넣고, 위에서부터 베이킹 소다와 식초를 차례로 뿌립니다. 마지막으로 물을 붓고 그대로 하룻밤 동안 두었다가 다음 날 아침에 닦습니다.

틀니의 치석을 없앨 때

식초 ¼컵을 넣은 뜨거운 물에 틀니를 하룻밤 동안 담그세요. 그러면 이 사이에 낀 치석이 풀어지면서 양치질만으로도 쉽게 치석을 제거할 수 있습니다.

● **틀니나 교정기구 세정제 만들기**

다음의 재료들을 잘 섞어서 세정제를 만들면 틀니나 교정 기구를 매일 효과적으로 세정할 수 있습니다. 이렇게 만든 세정제를 틀니나 교정 기구에 1~2큰술 정도 뿌리고 물을 1컵 붓습니다. 그런 다음, 그대로 하룻밤 동안 두었다가 다음 날 아침에 칫솔로 닦으세요.

베이킹 소다 3큰술
구연산 2큰술
물비누 ¼큰술
에센셜 오일 10방울

살균력이 뛰어난 식초를 이용하면 아이를 세균으로부터 안전하게 보호할 수 있습니다. 장난감을 씻을 때, 이불에 오줌을 쌌을 때, 아이 옷을 헹굴 때 등 다양하게 활용할 수 있는 친환경 식초 육아법으로 아이를 건강하게 키울 수 있답니다.

part 8.
에코맘의
친환경 식초 육아법

01 식초로 아기용품 세탁하기

요즘에는 아기용품 전용 세제가 많이 판매되고 있습니다. 그래서 아기가 사용하는 그릇을 닦는 세제와 아기옷을 세탁하는 세제를 구분해서 사용할 수 있죠. 이렇게 시판되는 아기 전용 세제를 사용하는 것도 좋지만 쉽게 구할 수 있으면서 저렴한 식초를 이용해 보세요. 세제 성분이 남지 않아 더욱 안심하고 사용할 수 있습니다.

천기저귀를 빨 때

오줌으로 얼룩진 천이나 기저귀를 빨 때에는 기저귀통에 물 1리터당 식초 4큰술을 넣어 오줌을 중화시킵니다. 그런 다음, 비누로 세탁하고 마지막으로 식초 1컵을 넣어 헹구면 깨끗해집니다.

아기가 이불에 오줌을 쌌을 때

식초를 탄 물로 세탁한 후 베이킹 소다를 뿌립니다. 그런 다음, 마를 때까지 그대로 두었다가 브러시로 베이킹 소다를 털거나 청소기로 빨아들이면 깨끗해집니다.

아기옷을 헹굴 때

아기옷을 부드럽고 산뜻하게 마무리하려면 비누로 세탁한 후 마지막으로 헹굴 때 식초 ¼컵을 넣습니다. 그러면 오줌의 성분인 요산이 분해되어 흰색은 더욱 하얘지고 무늬는 더욱 선명해집니다.

02 식초로 아기용품 청소하기

아기가 어릴 때에는 아기의 손길이 닿는 물건 하나하나를 모두 깨끗하게
소독해야 합니다. 또한 아기가 자라면서 주변을 어지럽히고, 오줌을 쌀 때에도
재빨리 청소하여 청결을 유지하는 것이 중요하죠. 이런 경우 식초를 이용하면
그 효과에 만족할 것입니다.

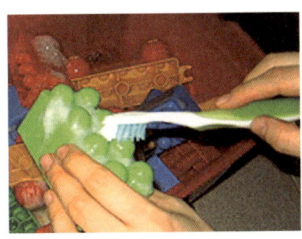

장난감을 씻을 때

자전거, 페달 달린 차, 기타 실외
용 장난감은 물과 백식초를 1:1
비율로 섞은 혼합액으로 세척합
니다. 그리고 심하게 흙이 튄 부
분에는 베이킹 소다를 뿌리고 1
시간 동안 그대로 두었다가 문질
러서 닦은 후 깨끗한 물로 헹굽
니다. 아기 장난감은 식초를 약간
넣은 물에 씻으면 깨끗해지면서
소독까지 할 수 있습니다.

플라스틱 인형에 먼지가
묻었을 때

식초를 묻힌 천으로 플라스틱 인
형을 닦으면 먼지를 쉽게 없앨 수
있습니다.

동화책의 비닐커버에 먼지가
묻었을 때

비닐커버된 아기 동화책이나 하
드커버의 보드 책은 식초를 뿌리
고 젖은 스펀지나 천으로 닦으면
깨끗해집니다.

인형 옷을 세탁할 때

따뜻한 물 1리터에 베이킹 소다 2
큰술, 식초 3큰술을 넣어 더러운
인형 옷을 푹 담급니다. 그런 다
음, 따뜻한 물로 헹궈서 말리세
요.

우유막을 없앨 때

아기 우유병에 따뜻한 물과 식초
를 1:1 비율로 넣어서 최소 1시간
이상 그대로 두었다가 전용 브러
시로 우유병을 닦습니다. 이렇게
하면 분유나 우유 때문에 생기는
엷은 우유막을 제거할 수 있습니
다.

가위날이 끈적끈적해졌을 때

테이프나 반창고 등이 묻어서 가
위날이 끈적끈적해졌으면 백식초
원액에 살짝 담근 천으로 문질러
서 닦습니다.

침대에 오줌을 쌌을 때

식초와 물을 섞어서 오줌이 묻
은 부분을 닦은 후 베이킹 소다
를 뿌리고 저절로 마르게 내버려
둡니다. 다 마른 후에는 브러시나
진공청소기로 베이킹 소다를 빨
아들이면 깨끗해집니다.

옷에 크레용이 묻었을 때

옷에 크레용이 묻었으면 안 쓰는
칫솔에 식초를 묻혀서 얼룩이 생
긴 부분을 문지릅니다. 그런 다
음, 평소와 마찬가지로 세탁하면
깨끗하게 없앨 수 있습니다.

건강을 살리는 식초 민간요법

옛날부터 건강을 지키기 위해 식초를 많이 이용했습니다. 식초를 그냥 먹는 것으로만 알고 있었다면 이제부터 소개하는 식초 민간요법을 잘 알아두세요. 하지만 이러한 민간요법은 과학적으로 검증되었다기보다 오랜 옛날부터 전해져 내려오는 비법이므로 사람마다 체감 효과가 다를 수도 있다는 것을 기억하세요.

Page

식초로 호흡기 치료하기

감기에 걸렸거나 컨디션이 안 좋을 때 식초와 꿀을 섞은 물을 조금씩 마시면 효과가 있습니다.
콧물이나 기침이 나올 때에도 마찬가지입니다. 오늘부터 당장 식초의 효과를 경험해 보세요.

감기에 걸렸을 때

따뜻한 물 1컵에 사과식초 ¼컵과 꿀 ¼컵을 섞어서 하루에 7~8번씩 복용합니다.

목이 쉬거나 아플 때

① 따뜻한 물 1컵에 식초 1작은술을 섞고 이것을 입안에 넣은 상태에서 입 속을 헹군 후 삼키세요. 목이 쉬었을 때 증상이 완화됩니다.
② 사과식초 1큰술과 꿀 2큰술을 섞은 후 약간씩 덜어 먹으면 목이 덜 아픕니다.
③ 가습기 물에 식초 ¼컵 이상을 섞으면 효과적입니다.

콧물이 날 때

식초와 꿀을 같은 분량으로 섞은 후 이것을 1큰술씩 복용하면 콧물이 줄어듭니다.

기침이 날 때

① 사과식초 ⅓컵, 물 ½컵, 고춧가루 1작은술, 꿀 ¼컵을 섞은 후 기침이 나올 때 곧바로 1큰술을 복용하고 취침할 때 다시 1큰술을 복용하면 기침을 진정시킬 수 있습니다.
② 사과식초 원액 2큰술만 복용해도 기침에 효과가 있습니다. 이 방법은 충치가 생길 때 기침 증세가 나타나는 환자에게 특효입니다.

잎이 넓은 화초를 길러 호흡기 질병을 예방하세요

호흡기 질환이 많은 사람들은 대개 문을 꼭꼭 닫아 놓고 살기 때문에 화초도 없습니다. 그런데 문을 닫으면 공기 순환이 안 되고 화초가 없으면 습도 조절이 안 됩니다. 습도를 조절하기 위해 가습기를 사용하지만 가습기보다는 화초가 훨씬 좋습니다. 아파트와 같은 시멘트 건물 안에서 문을 닫아 밀폐된 상태로 난방을 하니 시멘트독과 건조한 것이 어우러져 호흡기 질환을 유발하는 것입니다.

그러므로 너무 춥지 않을 정도로 항상 문을 조금씩 열어 놓고, 잎이 넓은 화초를 베란다나 거실 등에서 길러 보세요. 화초가 죽는다면 사람이 살기에도 좋지 않은 환경인 것입니다. 그러므로 자주 환기를 시키고 화초를 길러서 호흡기와 관련된 질병에 걸리지 않도록 주의하세요.

Page

식초로 소화기 치료하기

소화기가 약하거나 손상되었을 경우에는 자주 속이 울렁거리고 배탈이 납니다. 이런 경우에는 식초를 이용하여 꾸준히 치료해 보세요. 만약 식초를 마시는 것이 싫다면 구운 감자나 양배추 요리 등에 토핑 재료로 꿀과 사과식초를 이용해 보세요. 이렇게 다양하게 응용한 식초를 섭취하는 것도 몸에 좋은 식초와 친구가 되는 방법이랍니다.

배탈이 났을 때

따뜻한 물 1컵에 페퍼민트 식초를 여러 큰술 섞어서 복용하면 탈이 난 배를 가라앉힐 수 있습니다. 작은 사과식초 병에 페퍼민트 잎사귀를 여러 개 넣어서 며칠 동안 그대로 둡니다. 여기에 꿀을 몇 큰술 첨가하면 훨씬 쉽게 먹을 수 있습니다.

배에 가스가 찼을 때

꿀과 사과식초를 각각 1작은술씩 넣은 따뜻한 물을 마시면 가스가 찬 배를 진정시킬 수 있습니다.

속이 울렁거릴 때

물 한 잔에 식초 2~3작은술을 혼합하여 조금씩 마시면 메스꺼운 느낌이 사라집니다. 여기에 꿀을 약간 첨가해도 좋습니다. 아침에 구토가 난다면 꼭 한 번 실행해 보세요.

식초로 손과 발 치료하기

발냄새와 무좀은 제거하기가 매우 어렵습니다. 그래서 치료하다가 중간에 포기하는 경우가 많죠. 식초는 피부의 pH를 변화시켜서 균성장을 억제시킨다는 속설이 있습니다. 그러므로 이제부터 식초 활용법을 이용하여 손과 발을 잘 관리해 보세요.

무좀이 있을 때

① 물과 식초를 같은 분량으로 배합한 혼합액에 발을 담그면 무좀을 효과적으로 없앨 수 있습니다.

② 식초 분무기로 무좀 증상이 있는 부분에 뿌리기만 해도 무좀 제거에 효과적입니다.

발냄새가 날 때

비누로 매일 발을 깨끗하게 씻고 사과식초 원액에 약 10분 동안 발을 담그면 발냄새를 효과적으로 없앨 수 있습니다.

발톱균 때문에 아프거나 가려울 때

식초 원액에 발을 담그면 피부의 pH를 변화시켜서 균이 더이상 성장하지 않게 합니다.

발에 티눈이 생겼을 때

식초에 담갔다가 꺼낸 천으로 발의 티눈이나 굳은살 부위를 감쌉니다. 이렇게 하루 동안 그대로 두면 걸을 때 훨씬 덜 아픕니다.

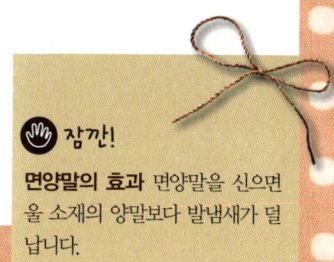

잠깐!

면양말의 효과 면양말을 신으면 울 소재의 양말보다 발냄새가 덜 납니다.

손을 깨끗이 씻고 싶을 때

식초 원액과 물을 반반씩 섞은 식초 용액에 손을 씻으면 박테리아 감염 위험이 줄어듭니다. 이 요법은 손톱의 굳은살까지 훌륭하게 없애면서 인공 손톱을 손상시키지 않으므로 부담 없이 활용해 보세요.

칼에 베었을 때

칼에 베인 부분이나 감염 위험이 있는 환부에 베이킹 소다를 뿌리고 그 위에 식초를 붓습니다. 이때 거품이 일어나는데 거품이 잦아들 때까지 기다렸다가 환부를 따뜻한 물에 담급니다.

사마귀를 없앨 때

① 사마귀나 굳은살을 제거할 때 식초를 묻힌 천을 환부에 붙이고 하룻밤 동안 그대로 둡니다. 그러면 식초가 딱딱하게 군은 조직을 부드럽게 만들기 때문에 쉽게 떼어낼 수 있습니다.
② 식초와 글리세린을 같은 분량씩 배합하여 매일 바르면 사마귀가 없어진다는 민간요법도 있습니다.

손이 항상 축축할 때

손이 항상 땀에 젖어 축축하다면 며칠 동안 식초를 뿌려 보세요. 그러면 손이 축축하지 않을 것입니다. 손을 씻고 말린 후 손에 식초를 묻혀서 비벼도 괜찮습니다. 이때 식초가 수렴제의 역할을 하는데 향이 나는 식초를 이용하면 냄새가 좋아서 기분까지 좋아질 것입니다.

잠깐!

손에 식초 바르기 비누거품을 충분히 내어 두 번 정도 씻은 후 40°정도의 물에서 충분히 헹굽니다. 그 후 식초를 손 전체에 바르면 손이 더욱 깨끗해집니다.

식초로 벌레 물린 데 치료하기

벌레에 물리거나 햇볕에 화상을 입었을 때 식초를 바르면 증상이 완화됩니다. 이것은 식초의 진정 효과 때문인데 이러한 기능 덕분에 가려움과 따가움을 덜 느끼게 됩니다.

벌레에 물렸을 때

① 식초 원액에 흠뻑 적신 면봉으로 벌레 쏘인 곳이나 벌레에 물린 부위를 문지르면 덜 가렵습니다. 식초를 분무기에 넣어 두고 이용하면 언제 어디에서나 아주 간편하게 가려움증을 해결할 수 있습니다.
② 식초에 전분가루를 개어 만든 반죽을 벌레에 물린 부분에 붙여도 덜 간지럽습니다.

모기에 물렸을 때

정제수 3작은술과 식초 1작은술을 섞은 용액에 라벤더 에센셜 오일을 3방울 떨어뜨려서 잘 섞습니다. 그런 다음, 이것을 화장솜에 묻혀서 모기 물린 부분에 붙이면 식초가 가려움을 완화시켜 줍니다.

담쟁이덩굴 때문에 발진이 생겼을 때

독이 있는 담쟁이덩굴 때문에 가렵거나 기타 다른 발진들이 생겼으면 사과식초와 물을 섞어서 환부에 바릅니다. 그런 다음 톡톡 두드려서 건조시키면 효과적입니다.

식초로 피부 치료하기

아기처럼 뽀얗고 부드러운 피부를 원하는 여성이라면 식초 활용법을 더욱 잘 익혀두어야 합니다.
소개하는 식초 미용 비법을 잘 이용해 보세요.

피부 트러블이 생겼을 때

욕조에 식초 1~2컵을 넣어서 식초 목욕을 하면 쉽게 피부 트러블이 생기는 예민한 피부를 진정
시킬 수 있습니다. 또한 여성들의 질 감염 위험도 줄여줍니다.

머리에 벼룩이 있을 때

머리에 벼룩이 있거나 머리가 가려울 때에는 따뜻한 식초를 사용하여 마사지하면 상태가 호전
됩니다.

여드름을 치료할 때

세안 후 약간의 식초를 얼굴에 뿌리면 기미나 여드름 치료에 도움이 됩니다. 살포한 후에는 저절
로 마르도록 내버려 두세요.

주의!

피부에 절대로 빙초산을 뿌리지 마세요 아토피나 민감성 피부가
아니면 일반적인 식초로 화상을 입지 않습니다. 하지만 식용 빙초
산의 경우는 피부에 닿으면 화상을 입을 수 있으므로 주의하세요.

몸에 쓰이는 기타 식초 활용법

한동안 식초 다이어트가 인기였습니다. 이것은 식초가 식욕을 억제시키는 효과가 있기 때문입니다.
이 밖에도 식초를 이용하면 관절염의 통증이나 치통을 완화시킬 수 있습니다.

딸꾹질이 날 때

물 1컵에 식초 1작은술을 섞어서 마시면 딸꾹질이 멈춥니다.

다이어트를 할 때

식초가 체중 감량에 좋다고 예찬하는 사람들이 많습니다. 무가당 포도주스 1컵에
사과식초와 꿀을 각각 1큰술씩 넣고 식사 전에 마시면 식욕을 억제시킬 수 있습니다.

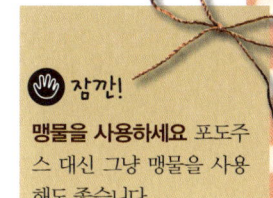

잠깐!

맹물을 사용하세요 포도주스 대신 그냥 맹물을 사용해도 좋습니다.

찬바람으로부터 피부를 보호할 때

소량의 사과식초로 희석시킨 올리브유를 얼굴에 얇게 펴바르면 찬바람 때문에 생기는 피부염을
막으면서 피부를 보호할 수도 있습니다.

관절염 통증 때문에 고통스러울 때

하루에 3번씩 사과식초와 꿀을 각각 1작은술씩 혼합하여 복용하면 관절염 통증을 완화시킬 수
있습니다. 이렇게 마셔도 몸에는 전혀 해가 없으니 안심하고 복용하세요.

입 안에 아구창이 생겼을 때

① 물 1리터에 사과식초 4큰술을 섞어 하루에 최소한 4컵씩 마시면 좋습니다.
② 사과식초와 따뜻한 물을 반반씩 섞은 혼합액을 이용해서 하루에 여러 번씩 입 안을 헹굽니
다.

치통 때문에 고통스러울 때

식초와 소금을 같은 분량으로 섞어서 입 안을 헹구면 치아 통증이 완화됩니다.

방광염을 예방할 때

사과식초와 물을 섞은 혼합액을 매일 마시면 기포 감염을 감소시키면서 요로가 적절한 산성 수준을 유지하는 데 도움이 되어 방광염을 예방할 수 있습니다.

다리에서 쥐가 날 때

취침 전에 사과식초를 여러 큰술 탄 물을 1컵씩 마시면 다리에서 쥐가 나지 않는다는 민간요법이 있습니다.

귀에 물이 들어갔을 때

수영하고 나올 때마다 식초와 소독용 알코올을 같은 분량 섞은 혼합액을 양쪽 귀에 각각 2방울씩 떨어뜨립니다. 그런 다음, 약 1분 동안 귀에서 물이 빠질 때까지 기다리세요. 이렇게 하면 귀에 들어간 물에 남아 있는 박테리아까지 죽일 수 있습니다.

베이거나 할퀴어서 상처가 났을 때

베인 곳이나 할퀴어서 상처가 난 곳을 식초를 이용하여 소독하면 효과적입니다.

목이 아플 때

목이 아플 때에는 미지근한 물 1컵에 식초 1큰술을 넣어 입안을 헹구면 좋습니다.

감기에 걸렸을 때

감기의 계절에는 집 안의 문 손잡이에 식초를 뿌린 후 살짝 닦아서 말립니다. 세균 제거 효과가 있는 라벤더나 티트리 에센셜 오일을 몇 방울 식초에 떨어뜨려서 사용하면 더욱 효과적입니다.

체질을 바꿀 때

류머티즘이나 신경통이 있을 때에는 물 1컵에 비타민과 미네랄이 풍부한 질 좋은 자연초를 1작은술 넣고 식초물을 매일 3번 마십니다. 이때 벌꿀을 넣어 마시면 더욱 마시기 좋겠죠? 식초는 체내를 약알칼리 상태로 유지시켜 주어서 건강을 유지하는 데 탁월한 효과를 발휘합니다.

 잠깐!

티트리(Tea Tree) 오스트레일리아가 원산지인 허브의 한 종류로, 공기를 상쾌하게 정화시킵니다. 티트리오일은 화상이나 짓무른 상처, 과도한 일광욕, 무좀뿐만 아니라 두피의 건조 상태와 비듬을 치료하는 데도 좋습니다.

 잠깐!

체질을 바꾸는 또 다른 방법 체질을 바꾸려면 야채와 같은 알칼리 식품을 많이 먹어서 미네랄과 비타민을 많이 섭취하는 것이 중요합니다.

검은콩 식초

식초는 각종 아미노산과 유기산, 비타민이 풍부하여 우리 몸의 노폐물을 배설시키고 스트레스로 인해 산성화된 몸을 중화시키는 역할을 합니다. 지방을 제거하는 능력이 탁월한 검은콩을 식초에 절이면 훌륭한 건강식이 된답니다. 신장을 튼튼하게 하고 변비에도 효과적인 검은콩 식초로 웰빙 라이프를 즐겨 보세요.

만들기

01 검은콩을 젖은 행주로 닦고 물기를 없앤 후 용기에 넣습니다.
02 현미 식초를 검은콩이 잠길 만큼 부어 밀봉합니다.
03 02를 냉장고에 넣어 7일 정도 보관합니다.
04 식초에 절인 검은콩을 1회에 10알씩, 하루에 2~3회 공복에 씹어 먹거나 밥에 비벼 먹습니다.

Tip. 검은콩을 절였던 식초는 요리할 때 쓰거나 물에 4~5숟갈씩 타서 마십니다.

이럴 땐 이렇게!

에코맘의 식초 생활백서

식초는 산성이어서 알칼리 성분을 중화시키고 그 밖의 다른 악취도 제거하는 효과가 있지요. 금속에나 생체 안에서 산화 때문에 생긴 녹을 제거하는 환원 작용도 식초의 중요한 일이랍니다. 요리와 청소 외에도 활약이 대단한 식초 활용법을 알아두세요. 친환경 살림이 훨씬 쉬워진답니다.

식초로 정원 가꾸기

잡초나 개미에 식초를 뿌리면 없앨 수 있습니다. 반면 식물에 식초와 물의 혼합액을 뿌리면 더욱 싱싱하게 잘 자랍니다. 이와 같이 식초는 좋은 것에는 더욱 좋은 효과를 발휘하고, 나쁜 것은 없애는 성질을 가지고 있습니다.

손에 석회가 묻었을 때

정원 일을 하다 보면 손에 석회가 묻어서 피부가 거칠어지고 갈라집니다. 이것을 방지하려면 백식초로 손을 씻으세요. 이렇게 하면 석회의 나쁜 성분을 중화시키면서 상처나 긁힌 자국이 세균에 감염되는 것도 막을 수 있습니다.

잡초를 없앨 때

잡초에 백식초 원액을 부으면 잡초를 효과적으로 제거할 수 있습니다. 이 방법은 보도나 현관 앞 도로의 갈라진 틈에 난 잡초에 사용하면 효과를 볼 수 있습니다.

개미를 없앨 때

식초를 뿌리기만 해도 개미가 자취를 감춥니다. 그러므로 개미가 유난히 잘 모여드는 장소에 식초를 뿌리세요.

꽃이 시들었을 때

물 1리터에 식초 2큰술과 설탕 1작은술을 섞어서 시든 꽃에 뿌리면 꽃이 싱싱해집니다. 그리고 이미 뿌리로부터 잘려나간 꽃도 오래 보존할 수 있습니다.

꽃병 속 꽃을 오래 보고 싶을 때

물 1리터에 식초 2큰술을 섞은 용액을 꽃병의 물로 사용해 보세요. 세균 번식을 억제할 수 있어서 꽃을 오랫동안 감상할 수 있습니다.

꽃병 속에 물때가 생겼을 때

꽃병의 목이 좁아서 깨끗하게 닦기가 힘들면 약 2리터 정도의 물에 식초 ½컵을 섞고 여기에 꽃병을 2~3시간 정도 담가 두었다가 물로 헹굽니다. 그러면 꽃병 안쪽에 달라붙은 미끌미끌한 물때가 떨어져 나와서 꽃병을 문지르지 않고 물로만 헹궈도 깨끗해집니다. 또한 하얀 석회질 찌꺼기도 식초가 녹이기 때문에 꽃병이 더욱 깨끗해집니다.

화분 속에 물때가 생겼을 때

① 물과 식초를 같은 분량으로 섞어서 화분에 넣으면 화분 속의 물때를 없앨 수 있습니다.
② 식초에 흠뻑 적신 종이타월을 화분 안에 물때가 낀 부분에 꼭꼭 눌러서 넣어 두어도 물때를 청소할 수 있습니다.

항아리 속의 미네랄 침전물을 청소할 때

항아리 속의 얼룩과 하얀 미네랄 침전물을 없앨 때에도 물과 식초를 반반씩 섞은 혼합액을 이용해 보세요. 물과 식초를 섞어서 점토, 유리, 플라스틱 소재의 항아리 단지에 넣으면 깨끗하게 청소할 수 있습니다.

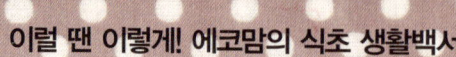

화분 주둥이에 쌓인 퇴적물을 없앨 때

화분 주둥이 가장자리에 퇴적물이 딱딱하게 생기는 경우가 많습니다. 이런 경우에는 화분 받침대에 식초 원액을 3cm 정도 담은 후 빈 화분을 거꾸로 세우세요. 화분 받침대도 같은 방법으로 세척하면 효과적입니다.

관엽식물을 관리할 때

관엽식물을 실내에서 키우면 잎에 먼지가 뽀얗게 쌓입니다. 이런 경우 물에 식초를 약간 섞은 액체를 분무기를 이용해 잎에 뿌리고 마른 천으로 잎을 닦으세요. 그러면 잎에서 반짝반짝 윤이 나고 나무가 싱싱해집니다. 그리고 마른 잎을 떼고 화분을 깨끗이 닦으면 화분 주위가 더욱 밝아집니다.

쓰레기에 벌레가 생겼을 때

쓰레기통이 넘쳐서 쓰레기가 빠져나왔다고요? 이런 경우에는 벌레가 득실거리기 쉽죠. 쓰레기봉투에 백식초를 약간 뿌리면 벌레들이 쓰레기봉투 근처에는 얼씬도 못한답니다.

✋잠깐!

쓰레기통에 직접 식초를 뿌려 보세요 쓰레기통에 직접 식초를 뿌리면 세균의 번식 속도가 늦춰지면서 악취도 약해집니다. 쓰레기통 벽면에 냄새가 배었을 때에는 벽면에 티슈를 대고 그 위에 식초를 뿌립니다. 그런 다음, 1시간 정도 후 벽면에 붙여 놓았던 티슈를 떼고 그것으로 쓰레기통 내부를 잘 닦으면 냄새가 없어집니다.

식초로 장식품 관리하기

유리에 묻은 페인트를 없애거나 벽지를 떼어내는 일은 매우 어렵습니다. 이런 경우에 식초를 이용하면 훨씬 쉽게 작업할 수 있습니다.

벽지를 떼어낼 때

식초와 뜨거운 물을 같은 분량으로 섞어서 벽지에 꼼꼼하게 바릅니다. 벽에 식초물을 뿌리거나 식초를 묻힌 롤러로 벽을 문지르세요. 이렇게 몇 분 동안 방치해둔 벽지는 저절로 술술 떨어집니다. 마지막으로 남은 풀기를 없애기 위해 식초로 잘 닦으세요.

페인트 브러시가 딱딱하게 굳었을 때

딱딱해져 굳은 페인트 브러시를 식초를 담은 냄비에 넣고 약한 불에서 약 1시간 동안 가열하면 말끔하게 세척할 수 있습니다. 세척이 끝나면 식초액은 버리고 브러시는 깨끗하게 잘 헹구세요. 필요한 경우에는 이 과정을 반복해도 좋지만 브러시의 모가 약해질 수도 있으므로 너무 오랫동안 가열하는 것은 피해야 합니다.

페인트 냄새를 없앨 때

오목한 접시나 사발에 식초를 넣고 페인트칠을 한 곳에 놓으세요. 그러면 식초가 페인트 냄새를 흡수하여 냄새가 없어집니다.

유리에 페인트가 묻어서 말랐을 때

유리에 묻은 마른 페인트도 식초를 이용해서 쉽게 없앨 수 있습니다. 마른 페인트에 뜨거운 식초를 바르고 어느 정도 풀어질 때까지 그대로 둡니다. 일정 시간이 지난 후 페인트를 면도날로 긁으면 깨끗해집니다.

금속 표면에 페인트를 칠할 때

페인트가 금속 표면에 더욱 잘 달라붙어 있게 하려면 우선 금속 표면을 마른 헝겊으로 깨끗이 닦습니다. 그런 다음, 금속 표면을 식초 원액으로 닦고 완전히 말린 후 페인팅합니다.

오래된 콘크리트에 페인트를 칠할 때

오래된 콘크리트는 식초를 뿌려서 천으로 닦고 자연 건조시킨 후 페인팅하면 더욱 잘 칠해집니다.

식초로 자동차 관리하기

식초와 자동차는 그다지 관련이 없어 보이지요. 그러나 식초는 자동차를 청소하거나 광택을 낼 때 매우 유용합니다. 그러므로 자동차 안에 식초를 항상 놓아 두고 틈틈이 이용하세요.

자동차 창문에 성에가 낄 때

물과 식초를 3:1의 비율로 배합하여 자동차 창문에 뿌리세요. 그러면 추운 겨울날 밤새도록 차를 세워 두어도 성에가 끼지 않습니다.

와이퍼를 청소할 때

식초에 담근 천으로 자동차 앞유리의 와이퍼를 닦으면 주행 중에 달라붙는 그을음과 때를 없앨 수 있습니다.

자동차 표면에 광택을 낼 때

부드러운 천에 식초를 묻혀서 자동차 표면(크롬)을 닦으면 광택이 납니다.

자동차 창문에 붙어 있는 스티커를 떼어낼 때

자동차 창문에 붙어 있는 범퍼 스티커나 그림 등을 없애려면 식초에 담근 천을 해당 부위에 올려놓으세요. 또는 식초 원액을 스티커에 계속 뿌리세요. 그러면 몇 시간 후에 스티커가 저절로 떨어진답니다.

차 안에서 토했을 때

차멀미 때문에 자동차 안에서 토했다면 자동차 유리문을 꼭 닫은 상태에서 차 바닥에 식초 한 그릇을 두고 하룻밤 동안 그대로 둡니다. 이렇게 하면 차 안에 남아 있는 냄새를 말끔하게 제거할 수 있습니다.

자동차의 비닐 시트를 청소할 때

식초와 물을 반반씩 섞은 혼합액을 천에 묻혀서 자동차의 비닐 시트를 닦으면 깨끗하게 청소할 수 있습니다.

봄철 자동차 관리 요령

① **엔진오일을 점검하세요** 만약 겨울용 엔진 오일을 쓰고 있다면 계절에 맞는 것으로 교환해야 합니다.

② **부동액을 점검하세요** 봄에는 날씨가 따뜻하여 냉각수가 동결되지 않으므로 라디에이터의 부동액을 모두 빼내어 연수로 교환해야 합니다.

③ **타이어를 교환하세요** 겨울 동안 스노우타이어를 장착했다면 일반 타이어로 교환해야 합니다.

④ **배터리를 점검하세요** 겨울철에는 전기 소모가 많아 배터리가 많이 지쳐 있으므로 꼼꼼하게 점검해야 합니다.

⑤ **공기 청정기를 점검하세요**

⑥ **와이퍼를 점검하세요** 와이퍼의 작동 부분에 오일을 주입해서 부드럽게 움직이게 조절하거나 새것으로 교환해야 합니다.

⑦ **세차하세요** 겨울철에 눈길을 달렸던 자동차는 차체나 하체에 염화칼슘이 묻어 부식될 수 있으므로 깨끗하게 세차해야 합니다. 이때 차의 내부도 깨끗하게 청소하세요.

식초로 공구 수명 연장하기

연장이나 공구는 잘못 관리하면 쉽게 녹이 슬고 약해집니다. 그래서 정작 사용해야 할 때 제대로 사용하지 못하는 경우가 많죠. 식초를 이용하면 연장을 새것처럼 만들 수도 있고 연장에 묻어 있는 얼룩도 제거할 수 있어요. 이렇게 식초를 이용하여 연장을 꾸준히 관리하면 더욱 오랫동안 사용할 수 있습니다.

연장이 녹슬었을 때

마개, 도구, 나사, 못 등에 녹이 슬었다면 최소 하루 동안 식초 원액에 연장을 담그세요. 그러면 녹을 제거할 수 있습니다.

스포츠 장비에 진흙과 얼룩이 묻었을 때

플라스틱이나 알루미늄 소재의 스포츠 장비에 묻은 진흙과 얼룩을 없애려면 식초와 베이킹 소다를 1:3으로 배합하여 만든 반죽을 얼룩이 생긴 부분에 바릅니다. 그런 다음, 비누 거품물로 잘 닦은 후 깨끗한 물로 다시 헹굽니다.

목제품의 긁힌 자국을 가릴 때

목제품에 긁힌 자국이 있다면 원하는 색상이 나올 때까지 식초 원액에 요오드를 넣고 잘 섞습니다. 그런 다음, 작은 브러시로 해당 부분을 발라서 긁힌 자국을 가리세요.

그릴을 닦을 때

알루미늄 호일을 돌돌 뭉쳐서 동그랗게 만들고 그 위에 백식초를 잔뜩 묻혀서 그릴을 문지르면 그릴이 깨끗해집니다.

Page

목재의 접착제를 없앨 때
식초로 목재의 접착제를 없앨 수 있습니다. 식초를 묻힌 스펀지나 천을 목재에 붙어 있
는 접착제 부분에 붙이고 접착이 약해질 때까지 그대로 둡니다.

흔들거리는 의자다리를 조일 때
식초와 물을 같은 분량씩 섞어서 가열한 후 이것을 흔들리는 의자다리에 문지르면 다
시 새것처럼 조여집니다. 이렇게 수선했으면 햇볕에서 의자를 말리세요.

곰팡이가 생겼을 때
표백하고 싶지 않은 곳이나 해서는 안 되는 곳에 곰팡이가 많이 생겼으면 당장 식초
원액을 사용하여 곰팡이를 없앱니다.

〈세상에서 제일 쉬운 식초 살림백과〉 제작에 도움을 주신 분들입니다.

〈간식 만들기가 정말 쉬워지는 착한책〉(함소아한의원 지음/황금부엉이)
p.34 '딸기를 더욱 맛있게 먹고 싶을 때' 사진자료
p.35 '바나나 갈변 예방' 사진자료

〈모든 병은 먹는 것으로 막을 수 있다〉(이경섭 지음/황금부엉이)
p.36 '비타민C가 풍부한 당근즙을 만들 때' 사진자료
p.37 '우엉과 연근의 갈변 예방' 사진자료
p.138 '식초로 만드는 건강식 레시피' 콘텐츠

개구리 님의 블로그 우물 안 개구리의 세상나들이(http://blog.naver.com/xchecklee)
p.76 '놋제품에 광택을 낼 때' 사진자료
p.108 '색깔 있는 옷을 세탁할 때' 사진자료
p.112 '스타킹에 보풀이 생길 때' 사진자료
p.125 '장난감을 씻을 때' 사진자료

세라 님의 블로그 향기로운 바람...since 1955(http://serah77.blog.me)
p.112 '면담요나 울담요를 세탁할 때' 사진자료
p.126 '인형 옷을 세탁할 때' 사진자료

제우랑서영이랑 님의 블로그 제우랑 서영이랑 행복한 우리집(http://blog.naver.com/gackt_74)
p.124 '아기 옷을 헹굴 때' 사진자료

여니천사 님의 블로그 여니천사's 공감 톡톡 다이어리~!(http://blog.naver.com/okmjkim)
p.125 '플라스틱 인형에 먼지가 묻었을 때' 사진자료

이 책에 사용된 그 외 이미지는 (주)대상 청정원, (주)까사미아에서 제공해 주셨습니다.

찾아보기

세상에서 제일 쉬운
식초
살림백과

2017년 9월 6일 개정2판 1쇄 발행
2017년 9월 13일 개정2판 1쇄 발행

지은이 | 빅키 랜스키
편역 | 생활의 지혜 연구회
펴낸이 | 이준원
펴낸곳 | (주)황금부엉이

주소 | 서울시 마포구 양화로 127 (서교동) 첨단빌딩 5층
전화 | 02-338-9151
팩스 | 02-338-9155
인터넷 홈페이지 | www.goldenowl.co.kr
출판등록 | 2002년 10월 30일 제 10-2494호

전략마케팅 | 구본철, 차정욱, 나진호, 이동후, 강호묵
제작 | 김유석

ISBN 978-89-6030-491-8 13590

황금부엉이에서 출간하고 싶은 원고가 있으신가요? 생각해보신 책의 제목(가제), 내용에 대한 소개, 간단한 자기소개, 연락처를 book@goldenowl.co.kr 메일로 보내주세요. 집필하신 원고가 있다면 원고의 일부 또는 전체를 함께 보내주시면 더욱 좋습니다.
책의 집필이 아닌 기획안을 제안해주셔도 좋습니다. 보내주신 분이 저 자신이라는 마음으로 정성을 다해 검토하겠습니다.